Heidelberger Taschenbücher Band 55

Dieser Patient erholt sich gerade von der Cholera. Die Flaschen, die ihn umgeben, enthalten 80 Liter Elektrolytlösung — soviel, wie dem 53 Kilogramm schweren Patienten während seiner fünftägigen Choleradiarrhoen intravenös infundiert werden mußte, damit der notwendige Bestand an Körperflüssigkeit aufrechterhalten blieb. Man nimmt an, daß der Choleraerreger einen Stoff abgibt, der die Natriumpumpe des Darmes hemmt, so daß fast die gesamte, in den Verdauungstrakt sezernierte Flüssigkeit unresorbiert bleibt und ausgeschieden wird. Wenn dieser Verlust während der wenigen Tage einer Krankheitsattacke ausgeglichen werden kann, überlebt der Kranke gewöhnlich.

Das Bild wurde vor dem Pavillon 8 des San Lazaro-Hospitals in Taipeh auf Formosa aufgenommen, wo Sellards 1909 zeigte, daß es bei Cholera zu ausgedehnten Verlusten an Bicarbonat-Ionen und der damit verbundenen Entwicklung einer schweren metabolischen Acidose kommt. (Amtliche Photographie der U.S. Navy von C. E. Knight, freundlicherweise zur Verfügung gestellt durch Captain R. A. Phillips von der U.S. Naval Medical Research Unit No. 2.)

Halvor N. Christensen

Elektrolytstoffwechsel

Übersetzt von R. und K. Bergmann

Mit 37 Abbildungen

Springer-Verlag Berlin · Heidelberg · New York 1969

Halvor N. Christensen, Ph. D.,
Professor of Biological Chemistry and Chairman
of the Department University of Michigan, USA

Dr. med. Renate Bergmann und *Dr. med. Karl Bergmann,*
Universitäts-Kinderklinik Frankfurt a. M.

Titel der Original-Ausgabe:
"Body Fluids and Their Neutrality"
Oxford University Press, Inc., New York, 1963

ISBN 978-3-540-04550-2   ISBN 978-3-642-86550-3 (eBook)
DOI 10.1007/978-3-642-86550-3

Das Werk ist urheberrechtlich geschützt. Die dadurch begründeten Rechte, insbesondere die der Übersetzung, des Nachdruckes, der Entnahme von Abbildungen, der Funksendung, der Wiedergabe auf photomechanischem oder ähnlichem Wege und der Speicherung in Datenverarbeitungsanlagen bleiben, auch bei nur auszugsweiser Verwertung, vorbehalten.
Bei Vervielfältigungen für gewerbliche Zwecke ist gemäß § 54 UrhG eine Vergütung an den Verlag zu zahlen, deren Höhe mit dem Verlag zu vereinbaren ist.
© by Springer-Verlag Berlin · Heidelberg 1969.   Library of Congress
Catalog Card Number 72-89630

Die Wiedergabe von Gebrauchsnamen, Handelsnamen, Warenbezeichnungen usw. in diesem Werk berechtigt auch ohne besondere Kennzeichnung nicht zu der Annahme, daß solche Namen im Sinne der Warenzeichen- und Markenschutz-Gesetzgebung als frei zu betrachten wären und daher von jedermann benutzt werden dürften.
Titel-Nr. 7585

Geleitwort

Die Regulation der Körperflüssigkeiten, ihres Gehaltes an Elektrolyten, an sauren und basischen Äquivalenten ist eine der wichtigsten Funktionen des menschlichen Organismus. Ein gründliches Verständnis der zu Grunde liegenden Mechanismen ist daher für den praktischen und theoretischen Mediziner unerläßlich. Als typisches Grenzgebiet wird dieses Gebiet während des Medizinstudiums sowohl vom Physiologen als auch vom Biochemiker gelehrt. Eine einheitliche und umfassende Darstellung, wie sie in der vorliegenden Abhandlung angestrebt wird, ist daher für die Literatur dieser Fächer eine höchst wünschenswerte Bereicherung. Der Autor dieses Büchleins hat den Stoff, dessen Verständnis vielen Medizinstudenten Schwierigkeiten bereitet, klar und verständlich abgehandelt. Das Gebiet ist wie wenige andere der Medizin in seinen Grundlagen weitgehend geklärt. Die weitere Forschung auf diesem Gebiet wird zweifellos neue Einzelheiten aufdecken, dürfte aber seine Grundlagen kaum mehr wesentlich verändern. Aus diesem Grunde ist es kein Nachteil, daß die englische Ausgabe dieses Büchleins schon einige Jahre zurückliegt. Die Übersetzung möge auch den deutschen Studierenden eine Basis geben, auf der sie spätere Erfahrungen aufbauen können.

Frankfurt,   E. Heinz
Institut für Vegetative Physiologie
der Universität
Juli 1969

Vorwort aus der englischen Ausgabe

In diesem Buch bringt der Autor in revidierter Form diejenigen Teile aus seiner umfassenderen „*Diagnostic Biochemistry*" (1959), die er selbst für seinen Unterricht braucht und die, wie er erfuhr, auch anderen sehr nützlich sind. Er hofft, daß diese knappere Darstellung den Bedürfnissen noch besser entspricht.

Wie im Vorwort zu der früheren Ausgabe vermerkt, empfiehlt sich das Buch als Ergänzung des Unterrichts in Biochemie und Physiologie. Es läßt sich aber auch sonst für das Biologie- und Medizinstudium verwenden und eignet sich außerdem für den Arzt und Biologen, der sich über die Grundbegriffe der Elektrolyte und des Säure-Basen-Haushaltes informieren will. Es wurde der Versuch unternommen, jeweils die wesentlichen Dinge abzuhandeln und die Entdeckung der Randgebiete dem Leser zu überlassen.

Vor einem Jahrzehnt betonte der Autor bereits, es sei an der Zeit, das Säure-Basen-Gleichgewicht neu zu formulieren mit den Begriffen, die den chemischen Vorkenntnissen des jungen Medizinstudenten entsprechen. Dieser Band und sein Vorgänger sind Teile dieses Bestrebens. Es wurden auch andere Stimmen laut: Die Hauptgefahr sei heute unerwarteterweise nicht, daß wir durch eine irreführende, alte Terminologie beherrscht werden, sondern daß wir uns mit denen, die sich bisher in dieser Terminologie bewegten, nicht mehr verständigen können. So sucht denn diese Darstellung die praktischen und die gedanklichen Beziehungen zu festigen zwischen (1) den anorganischen Ionen und (2) dem Wasserstoffion und dessen Donatoren und Acceptoren, d. h. den Säuren und Basen des Säure-Basen-Gleichgewichtes.

Ann Arbor, Michigan H. N. Christensen
November 1962

Inhalt

1. Konzentration 1
2. Wie sich das Wasserstoffion verteilt 11
3. Die Verteilung von Natrium und Chlorid 26
4. Kaliumverteilung 38
5. Verteilung von Calcium und Phosphat 54
6. Gastransport 65
7. Was belastet die Neutralität? 80
8. Einflüsse der Atmung auf die Verteilung des Wasserstoffions 85
9. Das Schicksal des Wasserstoffions in der Niere 98
10. Fixe Ionen und das Wasserstoffion 107
11. Wie man zu brauchbaren chemischen Laboratoriumsergebnissen kommt 114

Literatur 124
Anhang. Prüfungsbeispiele aus der klinischen Chemie 129
Sachverzeichnis 148

1. Konzentration

Lassen Sie mich zu Beginn Ihre Aufmerksamkeit auf eine Seite jener handlichen Bücher lenken, die Sie wahrscheinlich in der Tasche eines jungen Arztes finden werden. Diese Taschenbücher bringen die Normalwerte von zahlreichen Blut- und Urinbestandteilen, die diagnostische Bedeutung haben. Schlagen Sie in einer solchen Quelle nach, dann können Sie schnell entscheiden, ob ein Laborergebnis Ihres Patienten *hoch*,

Bestandteil	Material [a]	mg/100 ml (mg%), oder wie vermerkt
Albumin	S	3,5—5,5 g/100 ml
Amylase	P, S	70—200 Einheiten (Somogyi)
Ascorbinsäure	P	0,4—1,0
Calcium	S	9—11 (4,5—5,5 mval/Liter)
Carotinoide	S	100—500 int. Einheiten (I.E.)/100 ml
Chlorid	S	350—390 (100—110 mval/Liter)
Chlorid, als NaCl	P	550—620
Cholesterin, gesamt	S	110—300
Cholesterin, frei	S	35—90
Cholesterin, verestert	S	75—210
Fibrinogen	P	200—600
Globulin	S	1,5—3,4 g/100 ml
Glucose	B	80—120
Glutamin	S	0—2
Kohlendioxyd (Bindungsvermögen)	B	56—65 Vol.-% (25—30 mval/Liter)
Kreatin	B	3—7
Kreatinin	P, S	1—2

[a] B = Vollblut, P = Plasma, S = Serum.

Abb. 1.1. Auszug aus einem Taschenbuch, „A Pocket Book of Normal Laboratory Values...", 1957, zusammengestellt von Smith, Kline & French Laboratories, Philadelphia

niedrig oder normal ist. Diesen Befund können Sie dann zur Kenntnis nehmen und neben andere wichtige Beobachtungen über den Patienten stellen. Wenn Ihnen bereits passende Informationen vorliegen, können Sie eine „Wahrscheinlichkeitsdiagnose" stellen. Vielleicht werden Sie auch auf neue Untersuchungsmöglichkeiten gelenkt, die Ihre Diagnose weiter klären helfen.

Nun frage ich: Was haben Ihnen die Laboratoriumsbefunde zu bedeuten? Schließen Sie etwa so: Hoher Blutzucker = Diabetes; hoher

Rest-N = Niereninsuffizienz; niedriges Chlorid = Salz nötig? Ist die Zahl 45 eine willkürliche numerische Angabe, die besagt, daß Sie sich im Bereich eines vermehrten Rest-N oder erhöhten Liquoreiweißes befinden? Oder können Sie sich bei 45 mg Rest-N pro 100 ml ein Bild von der bestimmten Gesamtkonzentration einer Gruppe realer Stoffe machen, die diesen Spiegel erreicht haben, weil sich das Gleichgewicht zwischen gemeinsamer Aufnahme und Abgabe in der von Ihnen untersuchten Flüssigkeit verändert hat? Weil man viele der *morphologischen* Veränderungen bei Krankheiten mehr oder weniger empirisch erkennt, neigen wir vielleicht dazu, auch Veränderungen *chemischer Konzentrationen* als empirische Krankheitszeichen aufzufassen und dabei ihren subtilen und dynamischen Charakter zu übersehen.

Für einen Erfahrenen mag es bequem und sicher sein, wenn er etwas vereinfachend und abkürzend folgert: Rest-N über 45 = Niereninsuffizienz; aber die meisten dieser Gleichsetzungen können dem Unvorsichtigen einen Streich spielen. Sicherheitshalber soll man solchen Angaben mit einer ganzen Reihe von Einschränkungen begegnen, die (bewußt oder unbewußt) aus anderen Kenntnissen über den *Patienten* oder über *diese besondere Laboratoriumsanalyse* entspringen.

Ein Kollege schlug einmal vor, das chemische Laboratorium sollte jedes Analysenergebnis nur in der Form einer prozentualen Grenze wiedergeben; so sollte der Wert 90 für den Rest-N zum Beispiel bedeuten, daß nur 10% aller Personen einen höheren Wert aufweisen. Dann könnte jemand zugleich ein Gesamteiweiß im Serum und ein proteingebundenes Jod von 68 haben! Der statistische Aspekt wird in den Vordergrund gerückt, aber das Faktum, das die Analyse wiedergibt, wird noch mehr verdunkelt. Wenn ein Patient ein Serum-CO_2 von 10 Millimol pro Liter hat, wäre *für ihn*, so werden wir später sehen, ein Serumchlorid von 120 Milliäquivalent pro Liter normal und nicht der übliche Wert von etwa 103. Was nützte es Ihnen, wenn man Ihnen mitteilte, die Chloridanalyse dieses Patienten liege an der 99,99-Perzentile. Sie müssen die Konzentrationswerte *per se* haben, wenn Sie sich die Kontrolle über solche Relativierungen bewahren wollen.

Konzentration und Geschwindigkeit (Rate). Wir müssen uns zuerst die Bedeutung der Begriffe Konzentration und Geschwindigkeit klarmachen. Vielleicht müssen wir zunächst entscheiden, was wir im einzelnen Fall erfahren wollen: die *Konzentration einer Substanz* oder die *Geschwindigkeit eines Prozesses*. Bei der Urinanalyse wollen wir gewöhnlich eine *Geschwindigkeit* erfahren, die Gesamtmenge einer Substanz, die in 24 Std oder einem anderen Zeitraum ausgeschieden wurde, und sind nicht unmittelbar an der Konzentration interessiert. Die Urin-Konzentrationsversuche sind eine Ausnahme insofern, als bei diesen die Urinkonzentration der Maßstab für die Fähigkeiten ist, Wasser zu resorbieren und auszuscheiden.

Die Blutanalyse ergibt dagegen gewöhnlich die *Konzentration einer Substanz*, was die brauchbarste Auskunft sein mag. In vielen Fällen sind wir aber auch an der Gesamtmenge eines Bestandteils interessiert; um diese zu erfahren, müssen wir als dritte Dimension das Volumen von Plasma, Blut, extracellulärer Flüssigkeit oder von einem anderen Reservoir kennen, auf das sich unsere Konzentrationsangabe bezieht. Hätten wir diese Informationen, dann wüßten wir das gesamte Blut-Hämoglobin, das gesamte Serumalbumin oder das gesamte Na^+ der extracellulären Flüssigkeit und wir könnten einen tatsächlichen Mangel weit besser abschätzen. Obwohl wir dem Blut soviel Bedeutung beimessen, gibt es kaum den Fall, daß das Volumen des zirkulierenden Blutes auch nur annähernd das ganze Reservoir eines Bestandteils ausmacht.

Wir haben uns so an die Vorstellung gewöhnt, daß es der Blut- oder Serum*spiegel* ist, den wir wünschen, daß wir in stenographischer Kürze fragen können: „Wie war das Serumalbumin? Wie war das Urincalcium?" Wir setzen dabei als selbstverständlich voraus, daß wir in beiden Fällen richtig verstanden werden, wenn wir uns auch das eine Mal auf eine *Konzentrationseinheit*, das andere Mal auf eine *Ausscheidungsgeschwindigkeit* beziehen. Beachten Sie auch eine weitere Art abzukürzen: Wenn zum Beispiel die Aktivität der alkalischen Serumphosphatase mit 11 Bodansky-Einheiten angegeben ist, meint man in Wirklichkeit eine *Konzentration* (11 Einheiten pro 10 ml).

Wie behält man die Übersicht über die verschiedenen Konzentrationseinheiten? Fünf Prozent Glucose, das hat eine klare Bedeutung: 5 g Glucose in 100 ml oder 50 g pro Liter. Wenn wir wissen, daß ein Mol Glucose 180 g sind, können wir errechnen, daß wir eine 50/180- oder eine 0,278 m-Glucoselösung haben. Ein klein wenig Erfahrung mit der Herstellung von Lösungen im Laboratorium macht einem die *Molarität* ebenso geläufig, wie es die Angabe in *Prozenten* ist. Entsprechend enthält eine 0,9%ige NaCl 9 g pro Liter und ist 0,154 molar oder 154 millimolar.

Die Übersichtlichkeit kann aufhören, wenn wir auf eine Natriumkonzentration von 154 *Milliäquivalent pro Liter* übergehen. Hätte die Bezeichnung „millinormal" Anerkennung gefunden, so daß wir 154 millinormal sagen könnten, dann hätte man die Unklarheiten zur Hälfte vermieden. Die andere Schwierigkeit entsteht bei der Entscheidung, ob ein Grammatom eines Bestandteils, wie Na^+ oder Ca^{++}, *ein, zwei* oder *mehr* Äquivalent darstellt. Wenn wir das Gewicht des Lösungsbestandteils durch sein Milliäquivalentgewicht teilen, erhalten wir die Anzahl der Milliäquivalente.

Blut, Plasma und Serum. Blut ist zumindest ein Zwei-Phasen-System, eine Tatsache, die wir gewöhnlich nicht beachten, wenn wir die Blutkonzentration einer Substanz angeben. Die Blutkonzentration ist eigentlich das ausgewogene Mittel der Konzentrationen in den beiden Phasen. Ist der Lösungsbestandteil auf Plasma oder Zellen beschränkt, dann liegt seine wirkliche Konzentration in dieser einen Phase viel höher als der durchschnittliche Blutspiegel. *Plasma* kann als *extracelluläre Phase* des Blutes definiert werden; man spricht auch dann von

Plasma, wenn diese Phase so verändert ist, daß sie nicht gerinnen kann. *Serum* ist die Flüssigkeit, die durch die Gerinnungsvorgänge aus Plasma gebildet wird. Bei unseren Erörterungen werden wir folgendem Doppelsinn begegnen: Analysen werden gewöhnlich mit Serum angestellt; wenn wir aber die *zirkulierende Flüssigkeit* meinen, sprechen wir korrekterweise nur von *Plasma*. So können wir beispielsweise sagen, das *Serum*cholesterin betrage 210 mg-%, wir stellen jedoch die Art und Weise des Cholesterintransportes im *Plasma* dar.

Signifikante Dezimalstellen. Gibt man eine Konzentration mit 4,70 Milliäquivalent pro Liter wieder, dann beansprucht man, genauer zu sein als 1/47 dieses Betrages. Die Zahl sollte *nur dann* mit 4,7 angegeben werden, wenn man ausdrücken will, die Ungenauigkeit sei noch größer. Wird nun entsprechend von einer Cholesterinkonzentration von 198,8 mg-% berichtet, dann ist diese Angabe genauer definiert als 1/199. Dies ist eine unwahrscheinliche Aussage.

Osmolalität. Wir wissen, daß es sehr viel ausmacht, welche Moleküle im Blut oder anderen Körperflüssigkeiten gelöst sind. Dennoch gibt es eine Eigenschaft, die ganz verschiedene Moleküle miteinander teilen, wenn sie gelöst sind; dies ist der *osmotische Druck*. Die Gesamtzahl gelöster Teilchen, gleich ob Moleküle oder Ionen, bestimmt diese Eigenschaft.

Die *Osmolalität* (gewöhnlich in Milliosmol pro Kilogramm Wasser) ist genau eine solche Summation aller in der Lösung vorhandener Teilchen ohne nähere Unterscheidung. Man könnte, wenn es auch nicht sehr zweckmäßig wäre, alle in Frage kommenden Bestandteile bestimmen und dann addieren und dürfte zum Beispiel auch nicht vergessen, $Na^+HCO_3^-$ als zwei Komponenten zu rechnen. Zweckmäßiger ist es zu bestimmen, um wieviel der *Gefrierpunkt* von Serum, einem Verdauungssaft oder von Urin gegenüber dem Gefrierpunkt von Wasser erniedrigt ist, was sich sehr genau feststellen läßt. Wird diese Differenz durch die *millimolale Gefrierpunktserniedrigung* dividiert, dann erhält man die Milliosmolalität, wobei die Gefrierpunktserniedrigung eine weitere Eigenschaft *(kolligative* Eigenschaften) ist, die nur von der Zahl der vorhandenen Teilchen abhängt.

Der Arzt ist so häufig mit dem wesentlich kleineren kolloidosmotischen oder onkotischen Druck beschäftigt, daß vielleicht die sehr erhebliche Empfindlichkeit von Zellen und subcellulären Partikeln gegenüber dem gesamten osmotischen Druck verdunkelt wird. Enorme Druckwerte werden aufgrund des Unterschiedes im gesamten osmotischen Druck entwickelt, wenn Wasser in eine Zelle einströmt, die man in hypotone Lösung gebracht hat. Entsprechend ist großer Arbeitsaufwand nötig, Sekrete zu produzieren, die einen höheren oder niedrigeren gesamten osmotischen Druck haben als die Körperflüssigkeiten.

Gaskonzentration. Wir wissen, daß 100 ml Blut gelegentlich die ansehnliche Menge von 16,5 g Hämoglobin enthalten, eindrucksvoll viel, wenn man sie auf einem Filterpapier isoliert sieht. Wenn wir wissen, daß sich ein Mol Sauerstoff mit 16 500 g Hb verbindet oder 1 Millimol Sauerstoff mit 16,5 g, dann kommen wir durch das Hämoglobin zu einer Sauerstoffkapazität von 10 Millimol pro Liter. Entspricht ein Millimol Sauerstoff unter Standardbedingungen 22,4 ml, dann wären dies 224 ml pro Liter oder 22,4 ml pro 100 ml (22,4 Vol.-%).

Angenommen, es wird Ihnen mitgeteilt, eine Probe venösen Blutes habe einen O_2-Druck von 35 mm Hg, dann ist auch dies eigentlich eine *Konzentrationseinheit*. Sie könnten diese Situation reproduzieren, wenn Sie Blut mit einem Gasgemisch in das Gleichgewicht brächten, in dem der O_2-Druck 35 mm Hg beträgt; wenn Sie also beispielsweise ein Gasgemisch verwendeten, das bei einem Gesamtdruck von 1 atm oder 760 mm Hg 4,6% Sauerstoff enthält. Aber selbst wenn das Blut von dieser Gasphase getrennt wird oder selbst wenn wir von zirkulierendem Blut reden, können wir immer noch sagen, es habe diesen O_2-Druck, obwohl kein Gas vorhanden ist.

Sie können sich diese Terminologie vielleicht plausibler machen, wenn Sie sich einmal vorstellen, eine winzige Blase der Gasphase entstünde in einem großen Volumen des Blutes. In dieser Gasblase übte der Sauerstoff dann den angegebenen O_2-Druck aus.

Wir wollen nun zeigen, daß es sich hier wirklich um eine Konzentrationseinheit handelt. Der Sauerstoffdruck des Blutes gibt uns die Konzentration physikalisch gelösten Sauerstoffes an, weil sich nach dem Henryschen Gesetz die Konzentration gelösten Gases direkt mit dem Druck verändert, $C = KP$. Ist K bekannt, dann können wir C aus P berechnen.

K bezeichnet man als α (Bunsenscher Absorptionskoeffizient), wenn es in Millilitern Gas angegeben ist, die in 1 ml Lösung bei 1 atm Gasdruck gelöst sind. Für CO_2 hat α in Blut von 38° C einen Wert von 0,55. Folglich ist das im Blut physikalisch gelöste CO_2 bei P_{CO_2} = 40 mm Hg: $0,55 \cdot 40/760 \cdot 1000 = 29$ ml pro Liter. Sauerstoff ist weniger löslich, $\alpha = 0,024$. Es sind also bei einem P_{O_2} von 100 mm nach einer ähnlichen Berechnung 3,2 ml pro Liter gelöst.

Es sollte hier hervorgehoben werden, daß wir die Konzentration physikalisch gelösten Sauerstoffes ebensogut in mm O_2-Druck angeben können, wie in anderen Konzentrationseinheiten. Natürlich können wir die Menge an *gebundenem* Sauerstoff nicht aus dem P_{O_2} errechnen, es sei denn, wir kennen noch weitere Einzelheiten.

Aufteilung. Die gerade entwickelte Vorstellung läßt sich noch einen Schritt weiter ausdehnen. Während der Äthernarkose kann uns einmal der *Ätherdruck* in der Alveolarluft bekannt sein, mit dem das Blut ein Gleichgewicht anstrebt. Statt dessen können wir auch die *Ätherkonzentration* im Blut bestimmen. Oder es kann uns, was auch denkbar wäre, die Konzentration von Äther in einer dritten Phase bekannt sein, zum Beispiel in den *Lipidtröpfchen* der Fettzellen. Befindet sich die Verteilung in einem Gleichgewicht, dann dürfte man jede dieser Quellen mit gleichem Erfolg zur Messung des Ätherspiegels im Organismus heranziehen können. Man darf erwarten, daß zwischen dem Ätherspiegel an irgendeiner Stelle des Organismus und dem in Blut und Alveolarluft eine genau definierte Relation besteht, wenn ein steady-state („Fließgleichgewicht") erreicht ist.

Man kann nun überlegen, ob sich diese Vorstellung bei dem Problem anwenden läßt, welche Konzentration ein Metabolit oder ein Pharmakon an einer bestimmten Stelle erreicht. Die celluläre Konzentration kann *höher* oder *niedriger* sein als die im Blutplasma, aber diese Konzentrationen stehen gewöhnlich zueinander in Beziehung. So sind beispielsweise die Spiegel der verschiedenen Aminosäuren in den Zellen des Organismus viel höher als in der extracellulären Flüssigkeit. Erhöht man jedoch künstlich den Plasmaspiegel über einen kurzen Zeitraum, dann steigen korrespondierend die Zellspiegel an. Selbst wenn wir noch nicht wissen, warum dies so ist, können wir die Gültigkeit dieses Zusammenhangs erkennen und gebrauchen. Überall wo solche *Aufteilungen* zwischen den Räumen des Körpers bekannt sind und sich anwenden lassen, erhöhen sie den Wert von Serumanalysen wesentlich.

Natriumionen sind weitgehend auf den extracellulären Raum des Körpers beschränkt. Ein Anstieg des extracellulären Na^+-Spiegels beschleunigt jedoch den Einstrom von Na^+ in die Zellen, und der Zellspiegel muß so lange ansteigen, bis das Natrium ebenso schnell ausgestoßen wird wie es eintritt. Umgekehrt wird Verminderung des extracellulären K^+-Spiegels zu K^+-Verlust aus den Zellen führen. In diesen Fällen werden Einflüsse eines veränderten, extracellulären Spiegels auf das Zellinnere übertragen.

Natürlich lassen sich unschwer auch Beispiele völlig fehlender Korrespondenz zwischen dem Spiegel einer Substanz in den Zellen und in dem zirkulierenden Medium finden. Wir erwarten nicht, durch Serumanalyse den Gewebsspiegel von Enzymen oder Triglyceriden schätzen zu können: Naturgemäß sind Enzyme meist auf die Zelle beschränkt, in der sie entstanden; Triglyceride sind weitgehend unlöslich, ein großes intracelluläres Fetttröpfchen neigt deshalb nicht mehr dazu, sich zu lösen oder in das Blutplasma überzutreten, als ein kleines.

Andere Substanzen werden teilweise an Zellbestandteile gebunden; die freie Form kann dann zwar gleichförmig verteilt sein, aber die Zellkonzentration, die man erfaßt, ist höher, weil der Anteil der gebundenen Form hinzukommt. Wechseln die Mengen des bindenden Agens nicht allzusehr oder ist die Bindung nicht allzu stabil, dann können wir trotzdem bemerken, daß Plasma- und Gewebsspiegel zu gleichsinniger Veränderung neigen.

Eine Substanz wie Cu^{++} verbindet sich jedoch sehr fest mit so vielen cellulären und extracellulären Bestandteilen, daß die freie Konzentration wohl extrem klein ist. Deshalb stellt die Cu-Verteilung ein sehr komplexes Problem dar; sie wird zweifellos beherrscht durch Verteilung, Nettobewegungen und Affinitäten der Stoffe, die es binden.

Ferner muß uns klar werden, daß *große* Mengen eines Bestandteils von einem Ort zum anderen verschoben werden können, ohne in einer *dazwischenliegenden Phase* (zum Beispiel dem Blut) in wesentlicher Konzentration zu erscheinen oder ohne überhaupt in *nur einer* der Phasen in nennenswerter Konzentration aufzutauchen. So kann H^+ in großen Mengen von den Zellen in das Blut und in den Urin übertreten, ohne an einem dieser Orte in wesentlichen Konzentrationen vorzukommen. Das ist eine Erscheinung, die es vielen Studenten erschwert hat, die Regulation des Säure-Basen-Haushaltes zu verstehen.

Diese fragmentarischen Gedanken über *Aufteilung* oder *Verteilung* werden den folgenden Besprechungen vorausgeschickt. Sie sollen betonen, wie sehr wir in der klinischen Chemie von Vorstellungen über die Verteilung einer jeden Substanz abhängen. In den anschließenden Kapiteln werden wir weiter im einzelnen betrachten, welche Prinzipien die Verteilung einer Reihe beispielhafter Substanzen beherrschen. Diese Prinzipien, die bei Gesundheit und Krankheit die gleichen bleiben, bestimmen, wie Konzentrationsveränderungen gelöster Bestandteile in Blut und anderen Körpersäften zu deuten sind.

Bestimmung von Geschwindigkeiten. Wenn wir einen Serumbestandteil bestimmen, wollen wir oft nicht seine *Konzentration in einem kritischen* Raum erfassen; vielmehr soll die *veränderte Geschwindigkeit* eines Prozesses oder einer Reaktion aufgedeckt werden, zum Beispiel eine *Bildungsgeschwindigkeit* oder eine *Ausscheidungsgeschwindigkeit* der Substanz. Konzentrationsmessungen sind für diesen Zweck nicht gut geeignet. Überlegen Sie zum Beispiel, wie viele Faktoren den Glucose-Toleranztest beeinflussen; eigentlich wollen wir dabei durch Verfolgen des Blutzuckerspiegels nur aufdecken, wie schnell Zucker nach oraler Gabe genützt wird. Die biochemische Grundlagenforschung hat sich aus der Abhängigkeit, *Konzentrations*änderungen von Substanzen in komplexen Systemen zu verfolgen, weitgehend freigemacht und mißt statt dessen direkt die *Geschwindigkeiten* des Eintritts, Austritts, der Bildung oder des Abbaus dieser Substanzen, indem sie markierte Verbindungen (Isotope als Tracer) verwendet. Diese Geschwindigkeiten sind bekannt als *Fluxe*, man erfaßt dabei die Veränderungen in einer Richtung ohne die verschleiernden, gegenläufigen Reaktionen. Beachten Sie: *Flux* bedeutet *Geschwindigkeit in einer Richtung*, wir sprechen also nicht von einer *Fluxgeschwindigkeit*, sondern nur von einem *Flux*. Voraussichtlich können uns ähnliche Verfahren mit markierten Verbindungen eine neue diagnostische Chemie bringen, mit deren Hilfe wir zum Beispiel die Geschwindigkeiten der Bilirubinbildung und -elimination getrennt messen können, während wir sonst mit einer summarischen Angabe zufrieden sein müssen, wie sie eine Konzentrationsanalyse eben nur liefern kann. Einige Methoden dieser Art sind bereits eingeführt, zum Beispiel die Aufnahme radioaktiven Jods durch die Schilddrüse. Wenn Fluxmessungen so sicher und einfach werden, daß sie Konzentrationsbestimmungen ersetzen können, wird die Deutung der Ergebnisse von vielen Schwierigkeiten befreit werden, die wir noch erörtern müssen. Erfahren wir zum Beispiel, daß Bilirubin mit einer Geschwindigkeit von 1 g pro Tag gebildet wird, dann ist dies eine sehr klare Auskunft. Haben wir aber etwa den Befund zu erklären, das indirekte Serumbilirubin betrage 12 mg-%, dann stehen wir von einem gedanklich schwierigen Problem. Das vorliegende Buch soll bei Problemen dieser Art helfen.

Andererseits sind Fluxmessungen weder immer einfach noch stets befriedigend, denn Flux kann in beiden Richtungen bestehen ohne jede Nettoveränderung. Oft interessieren uns aber gerade Messungen der *Nettoveränderungen in einer Richtung*, doch weder Konzentrations- noch Fluxbestimmungen können uns diesen Wert liefern.

Einige Bemerkungen darüber, wie man an Tatsachenmaterial kommt. Dieses Buch soll den Studenten mit der Existenz einiger Vorstellungen und Tatsachen aus dem Bereich biochemisch-diagnostischer Verfahren bekannt machen, soll aber nicht versuchen, den gesamten Stoff direkt zu vermitteln.

Will ein Student seine Kenntnisse über den vorliegenden Stoff noch weiter vertiefen, dann kann er sich an einer ganzen Reihe von Stellen entsprechend informieren. Es gibt nichts bequemeres als *Lehrbücher*, aber diese vorverdauten Zusammenfassungen schaffen leicht unkritisches Vertrauen oder sogar Anhängertum. Das vorliegende Lehrbuch möchte keineswegs das Vertrauen gegenüber Lehrbüchern vermehren, denn ein Lehrbuchautor befindet sich in einer ungünstigen Situation, weil sich ein durchschnittlicher Zeitverzug von wohl mindestens 5 Jahren kaum vermeiden läßt.

Außerdem kann der Student häufig in *Monographien*, in *Symposien*, in verschiedenen *zusammenfassenden Zeitschriften* oder in *zusammenfassenden Artikeln* anderer Zeitschriften *Übersichten* von einem bestimmten Stoff finden. Diese sind meistens besser, weil sie von einem auf dem betreffenden Gebiet arbeitenden Forscher verfaßt wurden, und sie können den Studenten bis an die experimentellen Einzelheiten selbst führen. Aber auch hier kann eine erhebliche, zeitliche Kluft zum neuesten Stand bestehen.

Schließlich muß ein Student mit der ursprünglichen Quelle vertraut werden, der *wissenschaftlichen Abhandlung*, in der ein Forscher den tatsächlichen Befund mit seiner Deutung vorlegt. Die Frist vom Laboratorium bis zum Druck beträgt für die wissenschaftliche Arbeit im Durchschnitt etwa ein Jahr. Hier kann man selbst prüfen, ob eine Aussage nützlich oder unfruchtbar und der Beweis schwach oder zwingend ist. Solche Abhandlungen geben gewöhnlich auch einen Abriß über den augenblicklichen Stand, wie er vom Autor gesehen wird, und vergegenwärtigen einem die bisherige Entwicklung.

Wie findet man wissenschaftliche Artikel? Am Anfang einer Literatursuche greift man jedoch gewöhnlich zu einer solchen Zeitschrift, die veröffentlichte Arbeiten *registriert*, oder zu einer, die sie *referiert*. Entsprechend dürfte die erste sich näher am neuesten Stand halten; die letzte aber gestattet einem bei der Suche meist schnelleres Aussortieren. Das zur Zeit wahrscheinlich wertvollste registrierende Blatt, die „Current List of Medical Literatur", wird durch die „Armed Forces Medical Library" herausgegeben. Wegen einer Fusion mit dem älteren „Quarterly Cumulative Index Medicus" erscheint sie jetzt als „Index Medicus".

Unter den vielen Referateblättern dürften die „Chemical Abstracts" sich für die hier behandelten Probleme als besonders brauchbar erweisen. Die *Sachregister* der „Chemical Abstracts" erfassen jeweils einen halben Jahrgang und erscheinen im allgemeinen ein ganzes Jahr später, die *Autorenregister* in den zweiwöchentlichen Heften und dem Heft vom 10. Dezember kommen dagegen mit unwesentlichem Zeitverzug heraus. Wenn der Autor nicht bekannt ist und die Sachverzeichnisse noch nicht erschienen sind, kann man Referate neuer Arbeiten nur finden, wenn man unter dem entsprechenden Sachgebiet in jedem Heft nachsucht, zum Beispiel unter Nr. 55, *Biochemical Methods*.

Deutschsprachige *Zentralblätter* und *registrierende Zeitschriften:*

Chemisches Zentralblatt. Weinheim (Bergstraße): Verlag Chemie.

Berichte über die gesamte Biologie. Abteilung B: Berichte über die gesamte Physiologie und experimentelle Pharmakologie. Berlin-Heidelberg-New York: Springer.

Deutsche Bibliographie. Hrsg.: Deutsche Bibliothek Frankfurt a. M. Bei wöchentlichem Erscheinen werden alle deutschsprachigen Zeitschriften und Bücher aufgeführt. Halbjahresverzeichnis mit Titel- und Stichwortregister.

Will sich ein Student über ein augenblickliches Forschungsobjekt sorgfältig unterrichten, dann tut er gut daran, die Hefte der letzten 12 Monate von mindestens einem halben Dutzend einschlägiger Zeitschriften zu prüfen. Diese Hefte sind wahrscheinlich in den Referatblättern noch nicht vollständig erfaßt. Wünscht er schließlich den Luxus, völlig neues Gedankengut zu kennen, dann muß er sich mindestens teilweise auf mündliche, wissenschaftliche Darbietungen beziehen. Damit ist nicht gesagt, daß die allerneuesten Folgerungen auch *immer* die besten sind. Bei den hier behandelten Problemen werden Ihnen neben anderen Zeitschriften besonders oft die folgenden weiterhelfen: *American Journal of Medicine, Biochemical Journal, Clinical Chemistry, Journal of Biological Chemistry, Journal of Clinical Endocrinology and Metabolism, Journal of Clinical Investigation, Journal of Laboratory and Clinical Medicine, New England Journal of Medicine, Pediatrics, Proceedings of the Society for Experimental Biology and Medicine.*

Einige (vorwiegend) deutschsprachige *Zeitschriften:*

Biochemische Zeitschrift. Berlin-Heidelberg-New York: Springer. Erschien bis 1966. Als Fortsetzung dieser Zeitschrift erscheint:

European Journal of Biochemistry. Berlin-Heidelberg-New York: Springer.

Helvetica Physiologica et Pharmacologica Acta. Basel: Schwabe.

Hoppe-Seyler's Zeitschrift für physiologische Chemie. Berlin: De Gruyter.

Zeitschrift für die gesamte experimentelle Medizin einschließlich experimenteller Chirurgie. Berlin: Springer.

Zeitschrift für klinische Chemie und klinische Biochemie. Berlin: De Gruyter.

Die folgenden Veröffentlichungen erweisen sich wahrscheinlich als besonders nützlich:

1. Thompson and King: *Biochemical Disorders in Human Disease.* New York: Academic Press 1957.
2. Standbury, Wyngaarden, and Fredrickson (eds.): *The Metabolic Basis of Inherited Disease.* New York: Van Nostrand 1960.
3. Gamble: *Chemical Anatomy, Physiology and Pathology of the Extracellular Fluid.* Cambridge: Harvard University Press 1954.
4. Elkinton and Danowski: *The Body Fluids.* Baltimore: Williams & Wilkins 1955 (enthält wertvolle Bibliographien).
5. Bland: *Clinical Metabolism of Body Water and Elektrolytes.* Philadelphia: Saunders 1963.
6. *Methods of Biochemical Analysis.* Ed. D. Glick. New York (jährliches Erscheinen).
7. Christensen: *pH and Dissociation, A Learning Program.* Philadelphia: Saunders 1963.
8. Christensen: *A Learning Program in Electrolytes and Neutrality.* Philadelphia: Saunders.
9. *Advances in Clinical Chemistry.* New York (jährliches Erscheinen).

Deutsche Literatur zum Thema s. S. 127 f.

Zwei Probleme werden bald die Aufmerksamkeit des Studenten bei Studium und Wiedergabe wissenschaftlicher Arbeiten auf sich lenken: 1. Auswahl der wesentlichen Punkte, so daß die beschränkte Zeit des mündlichen Referates berücksichtigt wird und doch genügende Deutlichkeit gewährleistet ist; 2. sich soweit wie möglich an die Tatsachen zu halten und weniger an die Meinung eines Autors.

2. Wie sich das Wasserstoffion verteilt

Das Säure-Basen-Gleichgewicht wird oft für eine schwierige Angelegenheit gehalten, was wahrscheinlich bedeutet, daß irgendein einfaches, zugrundeliegendes Prinzip nicht recht verstanden wurde. Die nächstliegende Erklärung dafür ist die, daß wir das Verhalten *schwacher Säuren* und des *Wasserstoffions* nicht begriffen haben. Wenn wir nun versuchen sollen herauszufinden, welche Grundvorstellung fehlt, dann müssen Sie auch einer Entwicklung des Gegenstandes von Grund auf zustimmen. Selbst ausführlichste Erörterungen über klinische Aspekte des Säure-Basen-Gleichgewichtes können eine fehlende, gedankliche Voraussetzung nicht aufwiegen.

pH. Wir haben es in der Medizin mit niedrigen Wasserstoffionenkonzentrationen zu tun. Damit wir nicht mit so unbequemen Werten wie 0,00001 oder $1 \cdot 10^{-5}$ n umgehen brauchen, lernen wir, dies als 10^{-5} n auszudrücken; und noch weiter, wir verwenden nur den Exponenten ohne sein Minuszeichen und sagen, der pH sei 5,0. Damit können wir den ungeheuren Konzentrationsbereich von n [H^+] bis zu einer 0,000 000 000 000 01 n [H^+] mit Hilfe einer Skala erfassen, die von 0 bis 14 reicht.

Die Einfachheit dieser Skala müssen wir jedoch teuer bezahlen. Wir können uns nicht mehr so leicht vorstellen, daß eine Lösung vom pH 4,7 die doppelte Wasserstoffionenkonzentration einer vom pH 5,0 besitzt oder daß eine Lösung vom pH 4,0 die zehnfache Wasserstoffionenkonzentration einer solchen vom pH 5,0 hat. Hier gibt es allerdings zwei gute Faustregeln, die einen davor bewahren, daß man sich auf der pH-Skala verirrt: Immer wenn der pH um 0,3 Einheiten fällt, verdoppelt sich die Wasserstoffionenkonzentration (0,3 ist der Logarithmus von 2); nimmt der pH um eine Einheit ab, dann wird [H^+] verzehnfacht. Wenn Sie sich dann außerdem noch schnell vergegenwärtigen können, daß zum Beispiel ein pH von 9 einer [H^+] von 10^{-9} n entspricht, dann sind Sie gerüstet, sich auf der pH-Skala ohne Verwirrung zurechtzufinden.

Titration. Diese Technik gebrauchen wir, um in Lösungen die Anwesenheit von Stoffen zu entdecken, die Wasserstoffionen binden. Wenn wir titrieren, verändern wir planmäßig die Wasserstoffionenkonzentration über einen Bereich, für den wir uns interessieren, um zu sehen, in welchem Ausmaß H^+ gebunden wird. Bevor wir aber versuchen, *bindende Agentien* zu erkennen, sollten wir uns mit dem Verhalten des *reinen Lösungsmittels* befassen.

Um eine pH-Veränderung hervorzurufen, werden wir HCl und NaOH verwenden. Dies ist fast gleichbedeutend mit der Zugabe und der Entfernung von H^+, denn nach modernen Messungen sind HCl und NaOH in wäßriger Lösung wahrscheinlich vollständig dissoziiert; Na^+ und Cl^- gehen mit H^+ oder OH^- keine Reaktion ein.

Angenommen, wir hätten 50 ml destilliertes Wasser. Dessen anfänglicher pH ist wahrscheinlich 6,0 (warum nicht 7,0?). Wir beginnen zu titrieren, indem wir 0,05 ml (einen Tropfen) n HCl zugeben, und stellen fest, daß der pH auf 3,0 fällt. Nichts hat sich in der Lösung einer pH-Änderung entgegengestellt, alle zugefügten Wasserstoffionen sind im wesentlichen noch vorhanden. (In Wirklichkeit liegt das Teilchen, das wir freies H^+ zu nennen pflegen, in wäßriger Lösung hydriert vor, doch diese Tatsache können wir hier einfachheitshalber ungestraft vernachlässigen.) Der pH ist 3,0, weil wir 0,05 ml$\times$1 (Milliäquivalent pro Milliliter) oder 0,05 Milliäquivalent H^+ zugefügt haben. (Beachten Sie: Die Einheit der Normalität ist Äquivalent pro Liter oder Milliäquivalent pro Milliliter.) Diese Menge in 50 ml ergibt eine Konzentration von 0,001 Äquivalent H^+ pro Liter, was einer Normalität von 10^{-3} n entspricht; damit ist der pH 3,0. Entsprechend bringt uns hier ein Tropfen n NaOH auf pH 11,0. (Es mag Ihnen etwas schwerer fallen, einzusehen, daß dies ebenfalls ein erreichter pH-Wert ist.)

Hier ist vorläufig unser Bereich, pH 3 bis 11, eine sehr einfache Region, denn um den pH zu ändern, sind nur unbedeutende Mengen H^+ oder OH^- erforderlich, es sei denn, die Lösung enthält noch etwas anderes. Nur im Zusammenhang mit dem Magensaft müssen wir in die schwierige Region außerhalb dieser Werte vordringen.

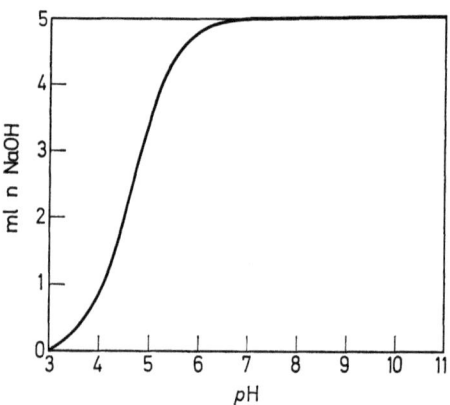

Abb. 2.1. Wie sich der pH einer 0,1 n Essigsäurelösung ändert, wenn n NaOH zugegeben wird. Der Widerstand gegenüber pH-Änderungen beschränkt sich auf einen bestimmten Abschnitt der pH-Skala, der symmetrisch um den pK′ von 4,7 angeordnet ist. Oberhalb von pH 8 verhält sich die Lösung gegenüber NaOH-Zugabe so inert wie reines Wasser, unterhalb von pH 2 ebenfalls. Die Lage der Titrationskurve läßt sich auch bestimmen, wenn man in umgekehrter Richtung vorgeht, d. h. durch Titration des *Acetations mit HCl*

Angenommen, anstelle von Wasser titrierten wir jetzt Essigsäure von 0,1 n Konzentration. Der anfängliche pH dieser Lösung liegt um 3,0. Wenn wir n NaOH aus einer Bürette zufließen lassen, fällt auf, daß wir jetzt weit mehr benötigen, um den pH zu erhöhen. Tragen wir die verbrauchte Menge gegen den pH auf, dann erhalten wir eine Kurve wie in Abb. 2.1. Zunächst steigt die Menge NaOH, die für eine bestimmte pH-Änderung benötigt wird, ständig an; dann nimmt sie allmählich wieder ab, und schließlich, oberhalb von pH 8,0, verhält sich unsere Lösung wieder wie reines Wasser. Oberhalb von pH 8,0 gibt es nichts mehr, was H^+ oder OH^- zu binden sucht.

Nach Beendigung dieser Titration können wir natürlich die ganze Kurve durch Titrieren mit HCl zurückverfolgen. Das Ergebnis bleibt gleich, an welchem Ende wir auch beginnen; wir brauchen nur den pH im Bereich zwischen 3 und 8 zu verändern, um das Vorliegen eines dissoziierenden Systems, $HA \rightleftarrows A^- + H^+$, nachzuweisen. In dieser Gleichung ist HA eine schwache Säure, eine Substanz, die H^+ *freisetzt*. Entsprechend können wir A^- eine schwache Base nennen, weil sie H^+ bindet; dies ist die Terminologie von Brönsted. Warum reagiert eine Natriumacetatlösung alkalisch, und warum verbraucht ihre Titration H^+? Deshalb, weil das Acetation eine Base ist, eine Substanz, die H^+ zu binden sucht.

Daß die Erhöhung des pH der Essigsäurelösung eine so große Menge NaOH erfordert, läßt sich durch den Hinweis erklären, daß das vorhandene HA das zugefügte OH^- verbraucht:

$$HA + OH^- \rightarrow A^- + H_2O. \qquad (2.1)$$

Woher aber hat die Kurve ihre eigentümlich symmetrische Gestalt? Um dies zu verstehen, müssen wir uns dem Massenwirkungsgesetz zuwenden.

Für die Reaktion $HA \rightleftarrows H^+ + A^-$ gilt im Gleichgewicht (das sich fast augenblicklich einstellt) nach dem Massenwirkungsgesetz:

$$\frac{[H^+] \cdot [A^-]}{[HA]} = K.$$

Das heißt, H^+ und A^- werden solange gebildet, bis Konzentrationen erreicht sind, bei denen die Rückreaktion genauso schnell verläuft wie die Hinreaktion. Je mehr H^+ und A^- dafür erforderlich sind, desto größer ist K. Deshalb gibt K die Säurestärke einer schwachen Säure an. Unter einer schwachen Säure verstehen wir eine Säure, die nur teilweise dissoziiert. HCl, ganz gleich in welcher Verdünnung, gehört nicht in diese Gruppe.

Wenn wir nach H^+ auflösen, kommen wir zu

$$[H^+] = K \frac{[HA]}{[A^-]}.$$

Logarithmisch ausgedrückt ergibt dies:

$$\log [H^+] = \log K + \log \frac{[HA]}{[A^-]}.$$

Diese Gleichung wird mit (−1) multipliziert und wird (etwas umgeformt) zu:
$$-\log [H^+] = -\log K + \log \frac{[A^-]}{[HA]}.$$
Ersetzen wir $-\log K$ durch pK, so wie pH für $-\log [H^+]$ steht, dann erhalten wir:
$$\mathrm{pH} = pK + \log \frac{[A^-]}{[HA]}.$$
Diese Ableitung wurde hier noch einmal kurz entworfen, um Sie daran zu erinnern, daß diese Henderson-Hasselbalchsche Gleichung nichts weiter ist als das Massenwirkungsgesetz in logarithmischer Form. Keine neuen Voraussetzungen wurden eingeführt.

(Setzen Sie für A^- nicht BA ein — Ihre Aufmerksamkeit kann dadurch vom eigentlichen Akteur, A^-, auf einen unbeteiligten Anwesenden, B^+, abgelenkt werden.)

Ist K konstant, dann ist pK ebenfalls konstant. Die Gleichung zeigt also, wie der pH einer Lösung sich während einer Titration ändert, wenn der Anteil A^- durch die Reaktion nach Gleichung (2.1) wächst und der von HA abnimmt. Nehmen wir zum Beispiel eine schwache Säure mit einem pK von 5,0 und fügen soviel NaOH hinzu, daß 50% davon in A^- verwandelt werden, dann ist: pH = 5,0 + log 50/50; pH = 5,0 + 0,0 = 5,0. (Beachten Sie, daß wir keine besondere Konzentrationseinheit zu berücksichtigen brauchen, solange wir das richtige Verhältnis der beiden Konzentrationen haben.)

Dies bringt uns zu der wichtigen Feststellung, daß der pK einer schwachen Säure dort liegt, wo sie zur Hälfte neutralisiert ist. Wir können also den Pufferbereich einer schwachen Säure genau lokalisieren, indem wir ihren Kurvenmittelpunkt festlegen. Wollen wir einen Puffer, der uns den pH bei 9,0 halten läßt, dann müssen wir einen wählen, dessen pK möglichst nahe bei 9,0 liegt.

Den Punkt, den wir so erhalten haben, wollen wir in unsere Zeichnung eintragen (Abb. 2.2) und noch einige andere Punkte berechnen. Würden wir NaOH in einer Menge zufügen, die 80% der HA in A^- verwandeln kann, dann ergäbe sich für den pH:
$$5,0 + \log \frac{80}{20} = 5,0 + 0,60 = 5,60.$$
Stellten wir dagegen nur 20% A^- her, dann wäre der pH:
$$5,0 + \log \frac{20}{80} = 5,0 - \log \frac{80}{20} = 4,40.$$
Diese beiden Punkte werden in die Zeichnung eingetragen; sie liegen symmetrisch zum Mittelpunkt.

Auf gleiche Weise erhalten wir den pH für 90% Neutralisation: 5,0 + log 90/10 = 5,95; und für 10% Neutralisation: 5,0 − 0,95 = 4,05; für 99% Neutralisation: 5,0 + 2,0 = 7,0; für 1% Neutralisation:

5,0 − 2,0 = 3,0; für 99,9% Neutralisation: 5,0 + 3,0 = 8,0; für 0,1% Neutralisation: 5,0 − 3,0 = 2,0; und so weiter.

Diese Berechnungen zeigen uns, daß das Massenwirkungsgesetz die S-Form der Kurve verlangt, die man bei Titration von Essigsäure erhält. Eine neue Annahme wurde in Abb. 2.2 eingeführt, nämlich, daß

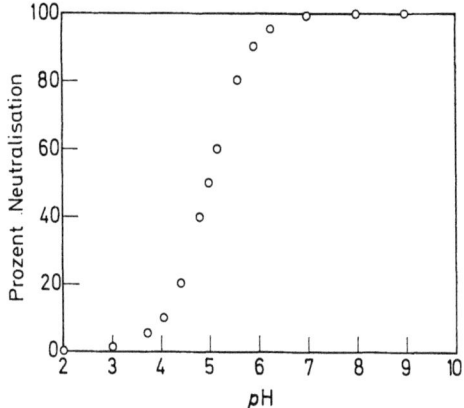

Abb. 2.2. Unter Anwendung des Massenwirkungsgesetzes berechnete pH-Werte einer schwachen Säure bei verschiedenen Neutralisationsgraden. Die bei Titration gefundene S-Form läßt sich durch das Massenwirkungsgesetz voraussagen

die entstehenden Mole A^- den zugefügten Äquivalenten OH^- gleich sind. Dies gilt näherungsweise im Bereich zwischen pH 3 und 11, wo für die bloße Veränderung der H^+-Konzentration nur verhältnismäßig wenig OH^- oder H^+ benötigt wird.

(Außerhalb dieses Bereiches dient ein beträchtlicher Teil der zugegebenen HCl oder NaOH nicht dazu, HA und A^- ineinander umzuwandeln, sondern nur dazu, die Wasserstoffionenkonzentration zu verändern. 50 ml H_2O von pH 3,0 auf pH 1,0 zu bringen, erfordert zum Beispiel 5 ml n HCl. Oder, um es unter einem anderen Aspekt zu sehen: Eine Titration des Magensaftes von pH 1,0 bis 3,0 wird das vorhandene, freie H^+ fast vollständig erfassen.)

Vergegenwärtigen Sie sich jetzt die Titration einiger anderer schwacher Säuren. Bei H_3PO_4 entdeckt man zunächst einen *Dissoziationsbereich*, der sich um pH 2,0 konzentriert. Dort herrscht die Reaktion vor: $H_3PO_4 \rightleftarrows H_2PO_4^- + H^+$, sie ist bei pH 4,5 weitgehend beendet. Doch oberhalb dieses pH trifft man dann auf den sehr wichtigen *zweiten* Pufferbereich, dessen Mitte etwas bei pH 6,8 liegt. Bei diesem, dem pK_2-Wert, liegen 50% $H_2PO_4^-$ und 50% HPO_4^{--} vor. (Fehlen H_3PO_4 und PO_4^{---} ganz?) Unterhalb von pH 9,0 ist diese Titration zu Ende. Nach einem kurzen, ungepufferten Intervall dringen wir schließlich in den Bereich der dritten Dissoziationsstufe vor, wo HPO_4^{--} zu PO_4^{---} wird. Man sollte annehmen, daß diese Dissoziation mit einem pK von etwa 12 keine physiologische Bedeutung mehr hätte. Dennoch muß auch dieses dritte H^+ bei der Calcification des Knochens eliminiert werden.

(Können wir feststellen, ob die drei Gruppen, die wir bei diesem Experiment titrieren, im gleichen Molekül liegen und nicht drei verschiedenen schwachen Säuren entsprechen? Unterscheiden sich die drei dissoziablen Gruppen des Moleküls $(HO)_3P=O$ von vornherein?)

Als nächstes wollen wir uns nun die Titration von NH_4Cl ansehen. Bei HCl-Zugabe finden wir keine Struktur, die H^+ *aufnimmt*. Aber bei Zusatz von NaOH finden wir eine Substanz, die H^+ *dissoziiert* und eine symmetrische Dissoziationskurve ergibt, deren Mittelpunkt bei pH 9,4 liegt. Welche schwache Säure liegt vor? Es handelt sich eindeutig um NH_4^+ und die Reaktion:

$$NH_4^+ \rightleftarrows NH_3 + H^+.$$

Wir können dieses System in die Henderson-Hasselbalchsche Gleichung einfügen, wenn wir beachten, daß die H^+-arme Form wie üblich in den Zähler gehört und die H^+-reiche in den Nenner:

$$pH = 9{,}4 + \log \frac{[NH_3]}{[NH_4^+]}.$$

Wir werden stets einen künstlichen Dualismus schaffen, wenn wir zur Darstellung dieser Dissoziation Ammoniak und die Amine, RNH_2, zu NH_4OH beziehungsweise RNH_3OH *hydrieren* müssen. Gehen wir das Problem so indirekt an, dann wird uns dieser Aufwand zusätzliche Umstände bereiten, wenn wir uns mit der Dissoziation der substituierten Ammoniumgruppe von Proteinen und anderen komplexen Molekülen zu befassen haben.

Einige wichtige schwache Säuren seien hier in der Reihenfolge abnehmender Stärke aufgeführt:

$$H_3PO_4 = H^+ + H_2PO_4^- \qquad pK = 2{,}0$$
$$HOAc = H^+ + OAc^- \qquad pK = 4{,}7$$
$$H_2CO_3 = H^+ + HCO_3^- \qquad pK = 6{,}1$$
$$H_2PO_4^- = H^+ + HPO_4^{--} \qquad pK = 6{,}8$$
$$NH_4^+ = H^+ + NH_3 \qquad pK = 9{,}4$$
$$HCO_3^- = H^+ + CO_3^{--} \qquad pK = 9{,}8$$
$$HPO_4^{--} = H^+ + PO_4^{---} \qquad pK = 12{,}0$$

Auf der rechten Seite der Gleichungen erhalten wir gleichzeitig ein Verzeichnis konjugierter *Basen*. Diese werden stärker, je weiter wir die Tabelle hinuntergehen, denn ihre Neigung, H^+ zu assoziieren nimmt zu Die Verzeichnisse umfassen jeweils Anionen, Kationen und neutrale Moleküle. Wenn wir aber an einer Klassifizierung festhalten, die nach der verschiedenen Ladung einteilt (d. h. H_2CO_3 zum Beispiel als Säure behandelt aber NH_4^+ nicht), sorgen wir künstlich für Schwierigkeiten.

Angenommen, wir hätten jetzt eine Lösung von Ammoniumacetat zu titrieren. Bei NaOH-Zugabe dürften wir, wie bei NH_4Cl, auf die NH_4^+-Dissoziation treffen. Fügen wir zur Titration in entgegengesetzter Richtung HCl zu, dann sollten wir die Aufnahme von H^+ durch das Acetation bemerken. Die vollständige Titrationskurve dieser Lösung würde dann zwei Pufferbereiche aufweisen, so wie H_3PO_4 drei zeigt (Abb. 2.3). Angenommen, wir verbänden jetzt die beiden Anteile von

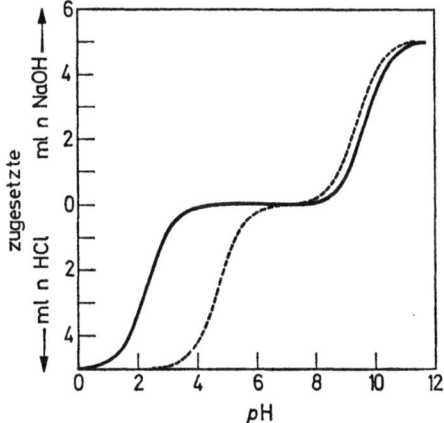

Abb. 2.3. Tritrationskurven einer Ammoniumacetatlösung (durchbrochen) und einer Aminosäure, Glycin (durchgezeichnet). Die Titrationen begannen jeweils in der Mitte, was kristallinem Ammoniumacetat oder Glycin entspricht, sie hätte jedoch ebensogut an einem der Enden anfangen können. Auf die Kurvenanteile unterhalb von pH 3 wurde eine Korrektur angewandt. Beachten Sie, wie ähnlich sich die beiden verhalten

Ammoniumacetat durch eine Kohlenstoff-Stickstoff-Bindung zu einem einzigen Teilchen: $$H_3N^+CH_2COO^-.$$

Was wir hier niedergeschrieben haben, ist das Glycinmolekül in seiner *richtigen*, das heißt, bei weitem vorherrschenden Form. (NH_2CH_2COOH zu schreiben bedeutete das gleiche, wie Ammoniumacetat als $(NH_3)(CH_3COOH)$ zu bezeichnen, da wir ja wissen, daß das Wasserstoffion sich viel fester an das Stickstoffatom anlagert. Die Dissoziation von Glycin läßt sich kaum begreifen, wenn wir den Fehler begehen, von der zweiten Strukturformel auszugehen.)

Wenn wir jetzt Glycin mit NaOH und HCl titrieren, ergibt sich ein sehr ähnliches Bild wie bei Ammoniumacetat (Abb. 2.3), abgesehen von den charakteristischen Lageverschiebungen der beiden Pufferbereiche. Zugabe von NaOH entfernt das H^+ von der geladenen Aminogruppe ($pK' = 9,7$), es entsteht $H_2NCH_2COO^-$; bei HCl-Zugabe nimmt die Carboxylatgruppe ein H^+ auf, es bildet sich $H_3^+NCH_2COOH$ ($pK' = 2,3$).

Titrationsverhalten anderer Aminosäuren. Die Titrationskurven vieler Aminosäuren sehen ganz ähnlich aus wie die von Glycin. Es handelt sich dabei um die sogenannten *neutralen* Aminosäuren, deren Struktur nur eine Aminogruppe und eine Carboxylgruppe enthält. Die pK-Werte dieser Gruppen weisen bei den einzelnen neutralen Aminosäuren zwar kleinere Unterschiede auf. Trotzdem können wir die Titrationskurve von Glycin (Abb. 2.3) für diese Klasse als typisch ansehen.

Eine Reihe anderer Aminosäuren hat noch eine zusätzliche dissoziierende Gruppe. Verwenden wir für die α-Aminosäuren die allgemeine Formel:

$$R - \underset{\underset{H}{|}}{\overset{\overset{NH_3^+}{|}}{CH}} - COO^-,$$

dann kann die Struktur R noch eine solche zusätzliche titrierbare Gruppe enthalten. Die Titrationskurven der Aminosäuren werden das Vorhandensein dieser dritten dissoziierenden Gruppe widerspiegeln. Die pK-Werte sind zum Beispiel von Glutaminsäure, $COOH \cdot CH_2 \cdot CH_2 \cdot CH(NH_3^+)COO^-$: $pK_1' = 2,2$; $pK_2' = 4,3$; $pK_3' = 9,7$. Durch Vergleich mit Glycin können wir ableiten, daß $pK_2' = 4,3$ der zusätzlichen Carboxylgruppe am Ende der Seitenkette entspricht. Abb. 2.4 gibt die theoretische Dissoziationskurve wieder. Die Titrationskurve von Asparaginsäure, der anderen wichtigen Aminodicarbonsäure, gleicht der von Glutaminsäure sehr. Sie sollten in der Lage sein, auf der Kurve der Abb. 2.4 Punkte zu vermerken, an denen jeweils eine der folgenden Formen vorherrscht: $COOH \cdot CH_2 \cdot CH_2 \cdot CH(NH_3^+)COOH$; $COOH \cdot CH_2 \cdot CH_2 \cdot CH(NH_3^+)COO^-$; $COO^- \cdot CH_2 \cdot CH_2 \cdot CH(NH_3^+)COO^-$;

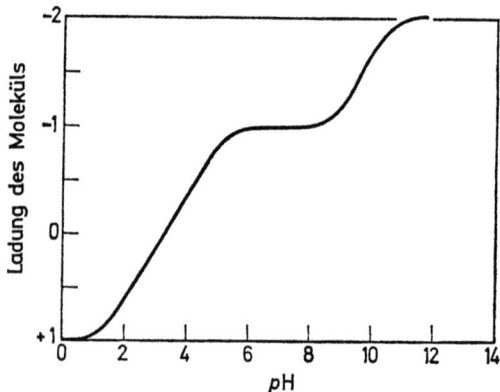

Abb. 2.4. Dissoziationskurve für Glutaminsäure. Die Titrationskurve hätte ebenfalls diese Gestalt; unterhalb von pH 3 wären allerdings Korrekturen erforderlich

COO⁻·CH$_2$·CH$_2$·CH(NH$_2$)COO⁻. An welchem Kurvenpunkt liegt Glutaminsäure überwiegend in isoelektrischer Form vor?

(Denken Sie daran, daß unterhalb von pH 3,0 die wirkliche Titrationskurve von der idealisierten Gestalt in diesen Abbildungen erheblich abweicht.)

Eine weitere wichtige Aminosäure mit einer dritten dissoziierenden Gruppe ist Lysin, α,ε-Diaminocapronsäure. Die pK'-Werte dieser Aminosäure sind: $pK_1' = 2,2$, $pK_2' = 9,0$, $pK_3' = 10,5$. Die beiden letzten gehören offenbar zu den beiden Aminogruppen, wobei der pK_3'-Wert von 10,5 tatsächlich für die distale Aminogruppe am *Epsilon*-Kohlenstoffatom gilt.

Abb. 2.5 zeigt die Dissoziationskurve von Lysin. Wieder sollten Sie fähig sein, den folgenden Strukturen typische Kurvenpunkte zuzuweisen:

H$_3$N⁺·CH$_2$·CH$_2$·CH$_2$·CH$_2$·CH(NH$_3$⁺)COOH

H$_3$N⁺·CH$_2$·CH$_2$·CH$_2$·CH$_2$·CH(NH$_3$⁺)COO⁻

H$_3$N⁺·CH$_2$·CH$_2$·CH$_2$·CH$_2$·CH(NH$_2$)COO⁻

H$_2$N·CH$_2$·CH$_2$·CH$_2$·CH$_2$·CH(NH$_2$)COO⁻

Welches ist die isoelektrische Form?

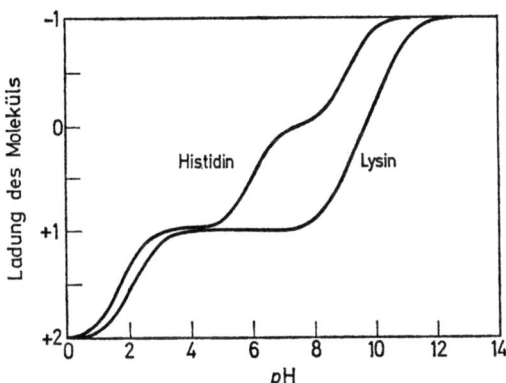

Abb. 2.5. Dissoziationskurven für Histidin und Lysin. Die Titrationskurven hätten den gleichen Verlauf, wenn man davon absieht, daß unterhalb von pH 3 und oberhalb von pH 11 Abweichungen korrigiert werden müßten

Abb. 2.5 enthält auch die Titrationskurve der Aminosäure Histidin, 3-Imidazolalanin. Die Imidazolgruppe assoziiert folgendermaßen ein einzelnes Wasserstoffion:

CH=C—CH$_2$—CH(NH$_3$⁺)COO⁻   CH=C—CH$_2$—CH(NH$_3$⁺)COO⁻
| | | |
HN   N $\underset{-H^+}{\overset{+H^+}{\rightleftharpoons}}$ HN   NH⁺
 \\ //   \\ //
  CH   CH

Diese Reaktion zeigt einen pK' von 6,0. Folglich herrscht oberhalb von pH 6,0 die linke Form, unterhalb davon die rechte Form vor. Die beiden anderen Dissoziationsstufen von Histidin, die der Carboxyl- und der Aminogruppe, zeigen pK'-Werte von 1,8 und 9,2 in deutlicher Analogie zu Glycin.

Endlich wollen wir noch einen Blick auf die Aminosäure Arginin werfen, die in ihrer Seitenkette eine Guanidinogruppe trägt. Die Guanidinogruppe hat einen pK' von etwa 13. Unterhalb von pH 13 liegt sie überwiegend in der Guadinium-Form vor, deren Dissoziation sich etwa folgendermaßen darstellen läßt:

$$\begin{array}{c} H_2N \quad NH_2^+ \\ \diagdown \diagup \\ C \\ | \\ NH \quad\quad\quad NH_2 \\ | \quad\quad\quad\quad | \\ CH_2-CH_2-CH_2-C-COO^- \\ | \\ H \end{array} \quad \underset{+H^+}{\overset{-H^+}{\rightleftharpoons}} \quad \begin{array}{c} H_2N \quad NH \\ \diagdown \diagup \\ C \\ | \\ NH \quad\quad\quad NH_2 \\ | \quad\quad\quad\quad | \\ CH_2-CH_2-CH_2-C-COO^- \\ | \\ H \end{array}$$

Die Titrationskurve dieser Aminosäure gleicht der von Lysin, abgesehen davon, daß der dritte Anteil, der dem pK_3' entspricht, etwa um drei pH-Einheiten nach rechts verschoben ist.

Titration von Peptiden und Proteinen. Peptide werden dadurch gebildet, daß Aminosäuren durch *Peptidbindungen* zu Ketten verknüpft werden. Das Peptid Alanylglycin zeigt, wie die Carboxylgruppe von Alanin mit der Aminogruppe von Glycin diese Verbindung eingegangen ist:

$$\begin{array}{c} \quad\quad\quad\quad\quad O \\ \quad\quad\quad\quad\quad \| \\ H_3N^+-CH-C-NH-CH_2-COO^-. \\ | \\ CH_3 \end{array}$$

Bei der Bildung dieser Verbindung sind die Eigenschaften der beteiligten Carboxyl- und Aminogruppe verloren gegangen; die entstandene Peptidbindung neigt in den üblichen pH-Bereichen nicht dazu, ein Wasserstoffion aufzunehmen oder zu verlieren. Folglich kann von Alanylglycin nur noch die verbleibende, freie Amino- und Carboxylgruppe titriert werden. Genaugenommen können wir nicht sagen, Alanylglycin enthalte Alanin und Glycin, denn jede dieser Aminosäuren hat bei der Bildung des Peptids einen Teil ihrer Struktur verloren. Statt dessen sprechen wir bei diesem Peptidmolekül von einem Alanin*rest* und einem Glycin*rest*.

Wenn wir ein Peptid immer weiter verlängern, indem wir immer mehr Aminosäuren miteinander verknüpfen, dann tritt natürlich der Anteil der terminalen Amino- und Carboxylgruppen an der Dissoziation, bezogen auf eine quantitative molekulare Basis, immer weiter zurück. Hätten wir zum Beispiel 100 Alaninreste miteinander verknüpft, dann enthielten 7118 Gramm nur noch 1 Mol freie Aminogruppen. Aber gewöhnlich enthalten Peptide die Aminosäurereste in dissoziierenden Seitenketten; im allgemeinen sind diese in so großer Zahl vorhanden, daß sie das Titrationsverhalten natürlicher Peptide und Proteine überwiegend bestimmen. So sind zum Beispiel Glutaminsäurereste meist reichlich im Proteingerüst enthalten; deshalb entspricht die Dissoziation der Carboxylgruppe in der Seitenkette von Glutaminsäure einem wichtigen Abschnitt in der Titrationskurve der meisten Proteine. Beachten Sie, daß die α-Amino- und die α-Carboxylgruppe eines Glutaminsäurerestes nur dann zum Titrationsverhalten beiträgt, wenn sich der Rest am einen oder anderen Ende der Peptidkette befindet.

Auch Lysinreste sind oft reichlich in Proteinen vorhanden; die ε-Aminogruppe der Seitenkette wird deshalb im Gesamtbild der Titrationskurve erscheinen. Proteine besitzen gewöhnlich so viele dissoziierende Gruppen verschiedener Art, daß man nur selten eine ausgeprägte S-Form ihrer Titrationskurven unterscheiden kann, wie wir sie in den vergangenen Abbildungen sahen. Die Kurven haben vielmehr eine komplexe Gestalt, wie dies Abb. 2.6 für Hämoglobin zeigt, und

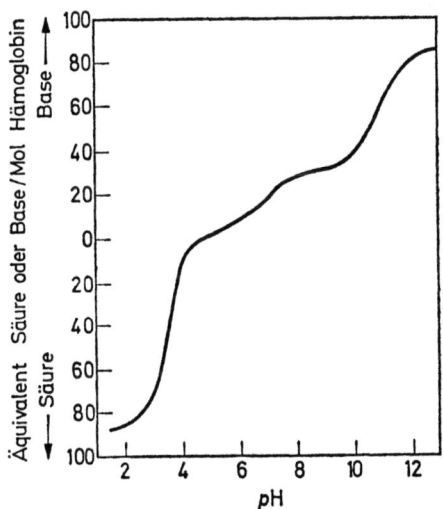

Abb. 2.6. Titrationskurve von kristallinem Pferdehämoglobin. Die Werte wurden nach den Ergebnissen von E. J. Cohn, A. A. Green u. M. H. Blanchard, J. Amer. Chem. Soc. 59, 509 (1937), für ein Molekulargewicht von 66 080 berechnet

nur durch sorgfältige Analyse läßt sich bestimmen, welcher Kurvenanteil welcher dissoziierenden Struktur entspricht.

Tabelle 2.1 zeigt, wieviele der dissoziierenden Gruppen des β-Lactoglobulins man durch Titration erfassen konnte. Diesen Ergebnissen sind

Tabelle 2.1. *Die ionisierten Gruppen von β-Lactoglobulin. Die Titrationsergebnisse stammen von Cannan, Palmer und Kibrick; die Analysen führten Brand und seine Mitarbeiter aus. Die von White et al., Principles of Biochemistry, New York 1959, zusammengestellten Werte basieren auf einem Molekulargewicht von 42 000*

Art der Gruppe	durch Analyse	durch Titration
anionisch		
Carboxyl- (α- oder endständig)	3 }	60—63
Carboxyl- (β- und γ-)	60 }	
anionisch insgesamt	63	60—63
kationisch		
Amino- (α- oder endständig)	3 }	35—37
Amino- (ε-)	33 }	
Imidazol-	4	6
Guanidino-	7	5—7
kationisch insgesamt	47	46—50

Aminosäureanalysen von Hydrolysaten des gleichen Proteins gegenübergestellt. Es wird Ihnen auffallen, daß sich die Resultate der beiden Bestimmungen weitgehend entsprechen. Der größte Fehler steckt in dem Abschnitt der Titrationskurve, der Histidinresten zugewiesen worden war, ein begreiflicher Fehler, wenn man bedenkt, daß ein Molekül nur vier Histidinreste enthält, die man titrimetrisch zwischen den zahlreichen Carboxyl- und Aminogruppen kaum entdecken kann.

Wie bei den Aminosäuren, deren Titration Abb. 2.4 und 2.5 zeigt, nimmt die positive Ladung auch der Eiweißkörper zu, wenn sie zugegebene Wasserstoffionen binden. Wird umgekehrt der pH erhöht und werden Wasserstoffionen abgegeben, dann steigt die negative Ladung der Proteine an. In jedem Fall kann man einen isoelektrischen Punkt finden, an dem es im elektrischen Feld zu keiner Nettowanderung mehr kommt. An diesem Punkt haben die Proteine viele positiv geladene Gruppen aber auch durchschnittlich ebensoviele negativ geladene, von kleineren Abweichungen abgesehen.

In Kap. 6 werden wir uns mit einem kleinen Abschnitt der Titrationskurve von Hämoglobin genauer befassen.

Berechnung des pH eines Puffersystems. Bei solchen Berechnungen müssen wir zwischen zwei verschiedenen Situationen unterscheiden. Wir können einmal einen Puffer herstellen, indem wir 10 ml einer 0,1 n schwachen Säure, $pK = 5,0$, mit 5 ml einer 0,1 m Lösung des Salzes dieser schwachen Säure mischen. Diese Kombination ergibt ein Verhältnis $[A^-]/[HA] = 5/10$, der pH wäre demnach $5,0 + \log 5/10 = 4,7$.

Aber angenommen, wir fügen nun zu den 10 ml 0,1 n schwacher Säure 5 ml 0,1 n NaOH hinzu, dann hat der Bruch $[A^-]/[HA]$ den Wert 5/5 und $pH = 5,0 + \log 1 = 5,0$.

Dieses Beispiel zeigt, daß wir vor der Anwendung der Henderson-Hasselbalchschen Gleichung die jeweiligen chemischen Reaktionen berücksichtigen müssen.

Sind pK-Werte konstant? Bisher haben wir angenommen, daß der pH eines Puffers *ausschließlich* vom Verhältnis [A$^-$] zu [HA] abhängt. Das bedeutet, daß wir einen Puffer ohne pH-Änderung in jedem beliebigen Ausmaß verdünnen könnten. Dies läßt sich jedoch nicht vorbehaltlos praktisch anwenden. Weil sich eine Lösung bei zunehmender Ionenkonzentration (Ionenstärke) nicht ideal verhält, bewegen sich alle vorhandenen Ionen mit kleinerem Effekt, und die Lösung verhält sich so, als sei jedes Ion in kleinerer Konzentration vorhanden als dies tatsächlich der Fall ist. Den Einfluß jeder Ionenkonzentration können wir spezifisch korrigieren, aber statt dessen ziehen wir es in diesem Falle vor, den *pK* zu korrigieren, das heißt, einen neuen aktuellen *pK* für die konzentriertere Lösung zu bestimmen. Für sehr genaues Arbeiten müssen wir den *pK* kennen, der für die Ionenstärke unserer Messung gilt. Ein solcher Arbeits-*pK* wird als *pK'* bezeichnet.

Es genügt nicht, den pH zu kennen. Bloße Messung des pH einer biologischen Lösung liefert uns ein Bild von nur sehr begrenztem Wert. Gewöhnlich möchten wir auch wissen, wie fest der pH verankert, d. h. wie gut die Lösung gepuffert ist. Dies ist kein konstantes Merkmal, sondern es ist bei jedem pH verschieden. Wir titrieren, um festzustellen, wieviel NaOH oder HCl an jedem Punkt für eine pH-Änderung verbraucht wird. Eine typische biologische Flüssigkeit enthält eine Reihe verschiedener Puffersysteme, und ihre Titrationskurve zeigt, daß diese sich in ihren Wirkungsbereichen überlappen.

Wir können eine ungepufferte Lösung mit einem sehr schlanken Wasserturm vergleichen, der als hydrostatisches Reservoir für eine Stadt dienen soll. Nur wenig H$^+$ muß entzogen oder zugefügt werden, damit es zu einer erheblichen Änderung des Spiegels kommt. Zusatz eines Puffersystems entspräche dem Einfügen einer großen Ausbauchung in den Wasserturm in einer bestimmten Höhe. Jetzt ist der Wasserspiegel in der Nähe des gewählten Niveaus gut „gepuffert", aber ausschließlich im Bereich dieses Niveaus. Wie dieses „Reservoir" im einzelnen gestaltet ist, hängt davon ab, welche Puffer vorhanden sind und in welcher Konzentration. Durch Titration können wir entdecken, wie sich die Pufferung einer biologischen Lösung, etwa Blut oder Speichel, über die pH-Skala verteilt.

Warum verändert sich der pH mit Veränderungen der HA oder A$^-$-Konzentration? Wird jemand gefragt, warum der Serum-pH bei einer Erhöhung der Bicarbonatkonzentration ansteigt, dann kann er versucht sein zu antworten, „weil die Henderson-Hasselbalchsche Gleichung es verlangt", oder etwas über einen allgemeinen Ioneneffekt daherzureden. Offen gesagt, das Bicarbonation *ist eine Base*, d. h. eine Substanz, die mit besonderer Affinität H$^+$ bindet. *Natürlich hebt es den pH*. Verdoppeln wir in einem Kohlensäure-Bicarbonatpuffer die Kohlensäurekonzentration, ohne den HCO_3^--Gehalt zu verändern, dann verdoppeln wir selbstverständlich auch die H^+-Konzentration (oder erniedrigen den pH um 0,3). Wenn wir den HCO_3^--Gehalt verdoppeln, ohne die H_2CO_3-Konzentration zu verändern, halbieren wir natürlich die H^+-Konzentration (oder erhöhen den pH um 0,3). Vielleicht übersehen wir dies häufig deshalb, weil wir versuchen, das Massenwirkungsgesetz in seiner logarithmischen Form anzuwenden.

Verteilung des Wasserstoffions zwischen H^+-Acceptoren. Angenommen, wir stellen einen Kohlensäure-Bicarbonatpuffer vom pH 7,0 her und mischen ihn mit einem $H_2PO_4^-/HPO_4^{--}$-Puffer, pH 7,4. Dabei muß sich etwas ergeben, die Lösung kann nur eine Wasserstoffionenkonzentration haben. Daß der neue pH zwischen den beiden anderen liegen wird, leuchtet ein. Weil H_2CO_3 eine niedrigere H^+-Konzentration vorfindet, wird es etwas H^+ freisetzen. Das HPO_4^{--} wurde dagegen in ein Milieu mit höherer H^+-Konzentration gebracht und wird einiges H^+ binden.

Angenommen, der neue pH sei 7,1. Unter Verwendung des *pK*, der für das erste System gilt, berechnen wir:

$$7,1 = 6,1 + \log \frac{HCO_3^-}{H_2CO_3}; \quad \log \frac{HCO_3^-}{H_2CO_3} = 1; \quad \frac{HCO_3^-}{H_2CO_3} = 10.$$

Für das Phosphatsystem ergibt sich:

$$7,1 = 6,8 + \log \frac{HPO_4^{--}}{H_2PO_4^-}; \quad \log \frac{HPO_4^{--}}{H_2PO_4^-} = 0,3; \quad \frac{HPO_4^{--}}{H_2PO_4^-} = 2.$$

Das H^+ hat zwischen den beiden H^+-Acceptoren, HPO_4^{--} und HCO_3^-, eine Verteilung angenommen, die durch deren Affinitäten für H^+ und die Menge an verfügbarem H^+ bestimmt wird. Welche Faktoren beeinflussen den pH, den man beim Mischen zweier solcher Puffer im Einzelfall erhält?

Würden wir uns in unserem Beispiel zunächst einmal am Bicarbonat-Kohlensäuresystem orientieren, dann könnten wir so tun, als sei der pH allein durch das Verhältnis der Bicarbonat- zu der Kohlensäurekonzentration bestimmt worden. Wir könnten den pH aber ebensogut auf das Verhältnis $HPO_4^{--}/H_2PO_4^-$ zurückführen. Dieses Beispiel erläutert, daß wir jedes geeignete Puffersystem als *Indikator* des pH verwenden können (sogar ein gefärbtes, wie Phenolrot). Dabei kann dieses spezielle System den pH wesentlich mitbestimmen, muß es aber nicht.

pH-Bestimmung. Dies ist, wie Sie wissen, das Prinzip, nach dem Indikatoren arbeiten: Der Farbton wechselt, wenn sich das Verhältnis der HA- zu der A^--Form eines Indikators ändert. Weil wir dafür tief gefärbte Substanzen wählen, brauchen nur Spuren zugefügt werden, die zu klein sind, den pH zu ändern. Überlegen Sie, wonach sich die Lage des geeigneten Bereiches eines Indikators richtet und wie groß der Bereich ist.

Sehr zuverlässige pH-Bestimmungen erreicht man, wenn man Pufferstandards mit gut ausgewählten pH-Werten herstellt und Indikatorfarbtönen, die so nahe bei dem unbekannten liegen, daß sie eine genaue Interpolation ermöglichen. Eine Glaselektrode, die für das Wasserstoffion genügend durchlässig ist, nicht aber für andere Ionen, ergibt für Lösungen gleicher Wasserstoffionenkonzentration das gleiche Potential. Die Extrapolation kann in diesem Fall weiter ausgedehnt werden, weil das Verhältnis zwischen elektromotorischer Kraft und Ionenkonzentration bekannt ist.

Bei biologischem Arbeiten müssen wir den sehr großen Einfluß der Temperatur auf den pH stets berücksichtigen. Bei Raumtemperatur ist der normale Plasma-pH näher an 7,6 als an 7,4. Untersuchungen sollten idealerweise bei einer konstanten Temperatur vorgenommen werden, die nahe bei der liegt, die *in vivo* herrscht.

Verteilung des Wasserstoffions zwischen Zellen und extracellulärer Flüssigkeit. Wenn der Organismus irgendeiner Belastung mit zusätzlichen Wasserstoffionen unterworfen sind, gelangt ein Teil derselben in die Zellen und wird dort von Wasserstoffionenacceptoren aufgenommen. Man findet die Bestimmung der Säure-Basen-Situation deshalb so wichtig, weil man annimmt, daß sie die Situation in den anderen Räumen widerspiegelt. Dies schien wohl im allgemeinen der Fall zu sein. Gewiß gelten die Ergebnisse für den interstitiellen Raum ebenso wie für das Plasma. Wenn jedoch der pH eines Bicarbonat-Kohlensäurepuffers, in dem Muskelgewebe suspendiert ist, durch Veränderung der Bicarbonatkonzentration über einen weiten Bereich variiert wird, dringt das Bicarbonation nicht in den Muskel ein, so daß sich dort der Bicarbonatspiegel kaum ändert und so auf einen annähernd konstanten pH innerhalb des Muskels hindeutet (Wallace u. Hastings). Ferner wurde neuerdings behauptet, bei Kaliummangel komme es zu einer offensichtlichen Dissoziation von extracellulärem und cellulärem pH, wobei die extracelluläre Phase alkalisch, die celluläre Phase dagegen sauer werde. Bis diese mögliche Asymmetrie in der H^+-Verteilung genauer abgegrenzt ist, wird die Bedeutung von Säure-Basen-Veränderungen im Blut bei jeder neuen Situation etwas unsicher bleiben.

3. Die Verteilung von Natrium und Chlorid

Bewegung von Wasser. Bevor wir auf die Verteilung dieser verbreiteten Ionen eingehen, sollten wir uns vielleicht noch etwas mit der Wasserverteilung befassen. Darüber ein besonderes Kapitel voranzustellen, erscheint hier unzweckmäßig, denn man kann dieses Problem kaum aus dem Zusammenhang mit der Ionenverteilung lösen.

Die meisten Untersucher sind der Überzeugung, daß sich die Zellen höherer Organismen gegenüber dem Wasserdurchtritt passiv verhalten, d. h. daß die Wasserbewegung durch freie Diffusion schnell genug ist, jede gerichtete Bewegung des Wassers in den Hintergrund treten zu lassen. Dies bedeutet nicht, daß lebenden Zellen die Fähigkeit abgeht, Wasser zu „konzentrieren", was doch zweifellos bei der Nierentätigkeit und bei der Bildung von Speichel und einigen anderen Sekreten vorkommt. Der Urin kann gegenüber dem Plasma sowohl hypoton als auch hyperton sein.

Für eine Erhöhung der Wasserkonzentration sind zwei Wege denkbar: 1. Eine bestimmte extracelluläre Flüssigkeitsmenge wird abgetrennt, anschließend werden aus ihr die gelösten Moleküle durch eine Barriere entfernt, die gleichzeitig die Bewegung von Wassermolekülen hemmt; 2. jedes Wassermolekül wird einzeln gefaßt und in einen separaten Raum befördert durch eine Membran, die die Bewegung gelöster Moleküle verzögert. Der erste Weg erscheint zweckmäßiger, weil nur eine vergleichsweise kleine Zahl Moleküle bewegt werden muß. Wenn dagegen Wasser *per se* übertragen werden soll, dann heißt dies, daß für jeden Liter etwa 55 Mole Wasser bewegt werden müssen oder rund 200mal soviele Moleküle, wie alle gelösten Moleküle zusammen ausmachen. Gewiß, das Wasser muß gegen einen relativ kleineren Gradienten bewegt werden (zum Beispiel von 55,3 m auf 55,4 m), aber jeder einzelne Übertragungsvorgang enthält wahrscheinlich eine bedeutende unwirksame Komponente, durch deren Summation es dann zu weit größerem Energieaufwand kommt.

Die einzigen diagnostischen Bestimmungsmethoden, die die Wasserkonzentration erfassen, sind die Bestimmungen von osmotischem Druck oder der Gefrierpunktserniedrigung, beispielsweise von Urin. Damit läßt sich die Wasserverteilung *per se* untersuchen, zum Beispiel wie sich die Niere verhält, wenn sie Wasser oder gelöste Stoffe konzentriert. Für den gleichen Zweck wird in der Praxis häufiger das spezifische Gewicht bestimmt. Nun *erhöht* zwar die Anwesenheit der meisten gelösten Bestandteile das spezifische Gewicht wäßriger Lösungen, einige *ver-*

mindern es aber auch. Außerdem ist Erhöhung der Dichte kein wirkliches Maß für die Zahl der vorhandenen gelösten Moleküle. Nur weil verschiedene Urinproben ein sehr ähnliches Gemisch gelöster Substanzen erwarten lassen, können wir das Ausmaß der Urin„konzentration" schätzen, indem wir das spezifische Gewicht bestimmen. Abnorme Zusammensetzung der Lösungsbestandteile, wie bei Glucosurie oder Proteinurie, kann die Bewertung dieser Messung völlig umwerfen.

Obschon wir den Gefrierpunkt von Serum oder Plasma gelegentlich bestimmen, ist es fragwürdig und sehr viel schwieriger, die gleiche Eigenschaft bei den intracellulären Flüssigkeiten zu untersuchen. Infolgedessen gibt es keine diagnostische Routineuntersuchung über die Aufteilung des Wassers zwischen cellulären und extracellulären Flüssigkeiten. Höchstes Interesse wird allerdings der Verteilung (um fein zu unterscheiden) des Flüssigkeitsvolumens zwischen diesen beiden Körperräumen entgegengebracht. Dies ist aber grundsätzlich eine Frage der Verteilung reichlich vorhandener Lösungsbestandteile, wie Na^+, Cl^- und K^+, wobei dem Wasser anscheinend nur eine passive Rolle zukommt, indem es sich frei verteilt, damit der osmotische Druck überall gleich ist. Deshalb werden wir nun dazu übergehen, die Ionenverteilung zu besprechen.

Gesetz der Elektroneutralität. Ein wichtiger chemischer Grundsatz besagt vereinfachend, daß die Analyse einer makroskopischen Flüssigkeitsmenge niemals mehr positive Ionenladungen ergeben kann als negative. Wenn wir feststellen, daß eine Salzlösung Na^+ 0,2 m und Cl^- 0,1 m enthält, dann wissen wir, daß wir noch ein anderes Anion finden müssen. Geben wir unser Ergebnis mit 460 mg-% Na^+ und 355 mg-% Cl^- wieder, dann können wir den Unterschied natürlich übersehen. Wir müssen uns in Einheiten der Ionenladung ausdrücken, also in Milliäquivalent pro Liter (Millinormalität), um von diesem wichtigen, vereinfachenden Grundsatz Gebrauch machen zu können. Wenn wir ein Analysenergebnis von Milligramm-Prozent (mg-%) in die wertvollere Einheit umrechnen wollen, multiplizieren wir mit 10 (um Milligramm pro Liter zu erhalten) und dividieren durch das Äquivalentgewicht (bei Na^+ zum Beispiel durch 23, bei Ca^{++} durch 20). Auf die Umwandlung in umgekehrter Richtung brauchen wir wohl nicht weiter einzugehen, denn mg-% können bald als veraltete Einheit für Ionenkonzentrationen betrachtet werden.

Die extracelluläre Flüssigkeit. Für Serum sieht das Gesetz der Elektroneutralität folgendermaßen aus:

$$[Na^+] + [K^+] + [Ca^{++}] + [Mg^{++}]$$
$$142 5 5 \phantom{[Ca^{++}]+} 3$$

$$= [Cl^-] + [HCO_3^-] + [Prot.^-] + [\text{andere org. Anionen}^-]$$
$$103 27 17 \phantom{[Prot.^-]+[\text{andere org. Anio}}5$$

$$+ \underbrace{[HPO_4^=] + [H_2PO_4^-]}_{2} + [SO_4^=].$$
$$1$$

Wir erfassen hier nur die relativ abundanten Ionen, viele Spurenmetalle sind vernachlässigt und eine Menge Spurenanionen sind in einen Topf geworfen. Indem wir wiederum das Gesetz der Elektroneutralität anwenden, können wir das Elektrolytbild durch zwei Säulen gleicher Länge (Ionogramm) wiedergeben, wobei die eine die Anionen, die andere die Kationen darstellen soll (Abb. 3.1).

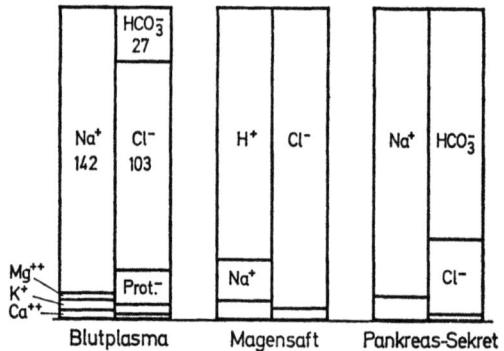

Abb. 3.1. Säulendiagramme zur Wiedergabe der Elektrolytzusammensetzung (Ionogramme) von menschlichem Serum, Magensaft und Pankreassekret. Im ersten Diagramm handelt es sich bei den Spurenanionen um Proteine, andere organische Anionen, Phosphat und Sulfat. Die Spurenionen sind in den anderen Skizzen nicht im Detail berücksichtigt

Dieses Bild wird als *Elektrolytgerüst* der extracellulären Flüssigkeit bezeichnet. Dieser Ausdruck soll andeuten, wie wichtig die extracellulären Elektrolyte sind — ohne diese Ionen kann die Flüssigkeit weder gebildet noch zurückgehalten werden. Drei Ionen herrschen in diesem Bild vor: Na^+, Cl^- und HCO_3^-; in üblicher Annäherung versucht man, Veränderungen der übrigen Bestandteile zu vernachlässigen und die unteren 12 bis 13 Milliäquivalent der Kationensäule mit den unteren 25 restlichen Milliäquivalent der Anionensäule als unveränderlichen „Sockel" zu behandeln. Veränderungen von Na^+, Cl^- und HCO_3^- sind viel eher für Veränderungen der Säulenhöhe verantwortlich, wobei als Einzelfaktor Na^+ das beste Maß für die Höhe des Elektrolytgerüstes darstellt.

Das Natriumion ist ein besonders wichtiges Kation für die extracelluläre Flüssigkeit, so wie es das Kaliumion für die Zellen ist. Wir könnten uns vorstellen, daß diese beiden ähnlichen Ionen relativ träge seien und ihre kationischen und osmotischen Eigenschaften sich nicht unterscheiden ließen, aber in Wirklichkeit wird ein Ersatz des extracellulären Na^+ durch K^+ nur in sehr geringem Umfang vertragen. Eine derartige Substitution geht einher mit Veränderungen des elektrischen Potentials und der Erregbarkeit von Muskel und Nerven und führt (bei kritischen Konzentrationen) zum Herzstillstand.

Man kann kritisieren, daß gerade Serum als typische extracelluläre Flüssigkeit hingestellt wird, vor allem, weil sein Eiweißgehalt höher ist als der in den interstitiellen Flüssigkeiten, von denen es durch die ziemlich durchlässigen Kapillarwände getrennt ist. Weil sich diese Membran passiv verhält, gehen wir davon aus, daß die Konzentration der gelösten Bestandteile in Molen *pro Kilogramm Lösungsmittel* (nicht unbedingt in Molen *pro Liter Lösung*) auf beiden Seiten die gleiche ist. Unter exakt chemischem Aspekt sollten wir deshalb unsere Konzentrationen vielleicht in Milliäquivalent pro Kilogramm Wasser umrechnen; dazu teilt man durch 0,93, weil das Serum etwa 93% Wasser enthält.

Eine weitere Ursache kleiner Unterschiede in den Ionenkonzentrationen zwischen Plasma und interstitieller Flüssigkeit ist der *Gibbs-Donnan-Effekt*, den Abb. 3.2 stark schematisiert veranschaulicht. Wir

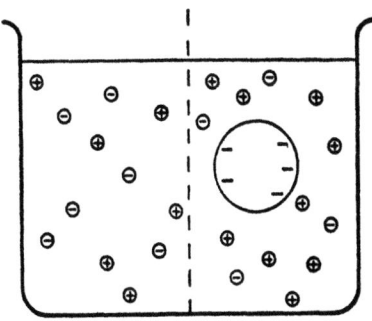

Abb. 3.2. Schematische Darstellung des Gibbs-Donnan-Gleichgewichtes. Die Zugabe eines nicht diffundierenden multivalenten Anions in den einen Raum einer NaCl-Lösung hat zu einer Neuverteilung der Na- und Cl-Ionen geführt; Na^+ bewegte sich dabei nach links, von einer äquivalenten Cl^--Wanderung begleitet. Unter diesen Bedingungen bewegt sich Cl^- gegen einen Konzentrationsgradienten. Im Gleichgewicht befinden sich links 12, rechts 14 Teilchen; infolgedessen besteht eine größere osmotische Druckdifferenz, als sie durch das Makromolekül *per se* geschaffen worden war. Dieser Effekt wird größer werden, wenn das Makromolekül negative Ladungen hinzugewinnt, er wird verschwinden, wenn es isoelektrisch wird

wollen annehmen, NaCl sei anfangs gleichmäßig zwischen den beiden Räumen verteilt, was schematisch durch fünf Natrium- und fünf Chloridionen auf jeder Seite wiedergegeben ist; Wasser, Na^+ und Cl^- sollen die trennende Membran leicht passieren können. Der rechten Kammer wollen wir nun etwas Natriumproteinat oder Natriumribonucleat zusetzen. Das organische Anion ist zu groß, als daß es die Poren der Membran passieren könnte. Na^+ hat jetzt eine starke Tendenz, in den linken Raum überzutreten, um die beiden Na^+-Konzentrationen auszugleichen. Damit dies möglich ist, muß sich Cl^- *gegen das Konzentrationsgefälle* ebenfalls auf die linke Seite begeben. Hält diese Verschiebung an, bis das Na^+ gleichmäßig verteilt ist, dann wird ein

Cl⁻-Gradient geschaffen, der so groß ist, wie der ursprüngliche Natriumgradient. Dies geschieht natürlich nicht, vielmehr wird ein Kompromiß erreicht: Die Nettobewegung der Ionen hört dann auf, wenn das Bestreben von Na⁺, weiterhin nach links zu wandern, genauso groß ist wie von Cl⁻ nach rechts zu gelangen. In diesem Zustand sind die Verhältnisse zwischen den beiden Ionenkonzentrationen in den zwei Phasen einander reziprok gleich, d. h.:

$$\frac{Na_1^+}{Na_2^+} = \frac{Cl_2^-}{Cl_1^-}.$$

In unserer Abbildung verhält sich entsprechend 9:6 wie 6:4. Betrachten wir aber in diesem Beispiel Cl⁻ für sich, dann stellen wir fest, daß es durch seine Bewegung einen Konzentrationsgradienten *geschaffen* hat.

Eine weitere Folge des Donnan-Effektes ist, wie Sie sehen, daß die Gesamtzahl zusätzlicher Teilchen auf der rechten Seite noch größer ist, als sie allein aufgrund der Anwesenheit des kolloidalen Teilchens wäre. Aus diesem Grunde steigt auch der kolloidosmotische Druck des Plasmas mit dem pH an, weil dann die Proteine H⁺ dissoziieren und dadurch die negative Ladung pro Molekül zunimmt. Der Beitrag der Proteine zum osmotischen Druck nimmt am mittleren isoelektrischen Punkt, wo die Proteine keine Nettoladung mehr besitzen, bis zu einem Minimum ab.

Die Chloridkonzentration im roten Blutkörperchen, ausgedrückt in Milliäquivalent pro Kilogramm Wasser, beträgt etwa sieben Zehntel der des Plasmawassers, obgleich die Zelle Cl⁻ leicht durchzulassen scheint. Dies ist zweifellos ein Donnan-Effekt, der von der viel höheren Eiweißkonzentration des Erythrocyten herrührt.

Volumenaufteilung zwischen dem Plasma und der interstitiellen Flüssigkeit. Durch die Aktivität des Lymphknotens werden die Plasmaproteine dem zirkulierenden Blut schneller wieder zugeführt, als sie es verlassen können, bis ihr Plasmaspiegel höher ist und ein beträchtlicher kolloidosmotischer Druck besteht. Infolgedessen will ständig Flüssigkeit in die Blutbahn strömen, aber diesem Bestreben wirkt der hydrostatische Druck des Blutstromes entgegen.

Unter den Plasmaproteinen, die auf diese Weise die Volumenverteilung steuern, kommt den Albuminen, auf das Gewicht bezogen, die bei weitem größte Bedeutung zu; denn ein Gramm Albumin enthält mehrmals so viele Moleküle wie ein Gramm der verschiedenen Globuline. Wenn weniger Albumin in das zirkulierende Blut eintritt als daraus abströmt, kann entweder das Plasmavolumen nicht aufrecht erhalten werden oder die extravasculäre Phase wird abnorm groß, was noch von weiteren Umständen abhängt.

Die Verdauungssäfte. Dies sind ebenfalls Elektrolytlösungen. Die Flüssigkeit, die postoperativ aus dem Magen oder Dünndarm eines Patienten aspiriert wird, mag Ihnen nicht besonders wertvoll erscheinen; wir müssen uns aber daran erinnern, daß jeder Liter in seiner

Elektrolytkonzentration der extracellulären Flüssigkeit ähnelt. Abbildung 3.1 zeigt die Zusammensetzung von zweien dieser Säfte. Im Magensaft pflegt H^+ den Platz von Na^+ teilweise einzunehmen, Bicarbonationen lassen sich nicht nachweisen. (Warum ist dies wohl der Fall?) Das Pankreassekret ist dagegen ein alkalischer Saft und unterscheidet sich von der extracellulären Flüssigkeit hauptsächlich durch seine hohe Bicarbonatkonzentration. (Besagt dies unbedingt, daß HCO_3^- durch die Drüse konzentriert wird?) Galle und Darmsekret liegen in ihrer Ionenzusammensetzung etwa zwischen Pankreassekret und extracellulärer Flüssigkeit.

Die täglich sezernierten Flüssigkeitsmengen sind groß. Klassische Schätzungen veranschlagen das tägliche Speichelvolumen auf 1500 ml, den Magensaft auf 2500 ml, die Galle auf 500 ml, den Pankreassaft auf 700 ml und die Darmsäfte auf 3000 ml. Betrachten wir eine Gesamtmenge von 7 bis 10 l pro Tag als typisch, dann werden rund 60% der extracellulären Flüssigkeit (und ihrer Elektrolyte!) jeden Tag in den Verdauungskanal sezerniert. Bei einem Kind oder Säugling ist der Umsatz noch größer. Gewiß, der Speichel ist eine hypotone Lösung, er sollte also mit einem geringeren Volumen in die Rechnung eingehen, die übrigen Säfte sind aber mit der extracellulären Flüssigkeit so gut wie isoton.

Diese Betrachtungen lassen die Verdauung oder bereits die Unterhaltung des Verdauungskanals als gefährlichen Vorgang erscheinen. Natürlich sind solche Volumina zu keinem Zeitpunkt im Verdauungstrakt vorhanden; vielmehr entsteht durch ständige Resorption ein „interner Kreislauf der Salze".

Dennoch ist dies eine verwundbare Stelle in der Funktionstüchtigkeit unseres Körpers, weil so viele Krankheiten die Resorption dieser Flüssigkeiten unterbrechen. Durchfälle und Erbrechen können ihre Ursache in Krankheiten des Verdauungskanals haben; Erbrechen insbesondere kann bei fast jeder Krankheit vorkommen. Unglücklicherweise ist bei diesen Störungen im allgemeinen auch die Nahrungsaufnahme unterbrochen. Der resultierende Zustand wird als *akute Ernährungsstörung* bezeichnet. Natrium und Chlorid sind essentielle Nahrungsbestandteile, aber solange jemand ißt, besteht kaum Gefahr, daß eines der beiden ungenügend aufgenommen wird, *es sei denn unter therapeutischen Maßnahmen oder wenn es zu solch ungewöhnlichen Verlusten kommt.*

Dehydratation. Gehen die extracellulären Elektrolyte mit den Verdauungssäften oder auch anders (z. B. bei starkem Schwitzen) verloren, dann führt dies zur Abnahme des *extracellulären Volumens,* genannt *Dehydratation.* (Diese Definition der Dehydratation sollte nicht zu dem Schluß führen, daß *ausschließlich* der extracelluläre Raum betroffen ist.) Wenn die Bezeichnung *Dehydratation* für diese Erscheinung gebraucht wird, ist dies nicht ganz glücklich, denn die klinische Dehydratation beruht gewöhnlich eher auf einem Elektrolyt- als auf einem Wassermangel, obwohl beides möglich ist. Verwirklicht man intuitiv den Gedanken, daß Wasserzufuhr die Dehydratation bessern müßte, dann hat man wahrscheinlich den gegenteiligen Erfolg: Wenn der Patient Wasser getrunken hat, kann er kurz danach erbrechen und mit dem Wasser noch mehr Elektrolyte verlieren; selbst nach intravenöser Infusion (z. B. als 5%ige Glucoselösung) wird das Wasser voraussichtlich nicht retiniert, sondern im Urin erscheinen. Dabei wird es von einer kleinen zusätzlichen Menge Salz begleitet, so daß sich die Lage nur verschlechtert. Sollte die Niere dagegen nicht in dieser Weise antworten und sollte Wasser ohne Elektrolytgerüst zurückgehalten werden, dann kommt es wahrscheinlich zu einer Wasserintoxikation; der Patient wird bewußtlos, sobald die Zellen des Zentralnervensystems sich mit Wasser aus dem abnorm verdünnten Milieu vollsaugen.

An dem folgenden Paradoxon wird deutlich, welche gedankliche Falle in der Bezeichnung *Dehydratation* steckt: Infundiert man jemandem, der fastet *Wasser* (zum Beispiel als 5%ige Glucoselösung) mit einer Geschwindigkeit von 6 l pro Tag, dann kommt er schnell in den Zustand der *Dehydratation* (Schemm; Steward u. Rourke). Wenn das Urinvolumen stark vermehrt wird, nimmt die Resorptionsleistung der Nieren für Salz ab und es kommt zu einem Nettoverlust von Elektrolyten.

Ein Viertel bis ein Drittel der extracellulären Flüssigkeit kann jemand verlieren, bevor die Dehydratation bei der Untersuchung ohne weiteres festzustellen ist, obwohl bestimmt ein Schwächezustand vorläge und Gewichtsverlust nachweisbar wäre. Bei klinisch manifester Dehydratation kann über die Hälfte des extracellulären Flüssigkeitsvolumens bereits verloren sein. Wenn der Verlust so groß ist, kann das *Plasmavolumen* kaum noch aufrechterhalten werden. Zwei Folgeerscheinungen stellen sich ein, wenn die Volumenabnahme fortschreitet: Die renale Durchblutung wird soweit stillgelegt, daß die Nieren die Neutralität nicht mehr wirksam regulieren können (Acidose trägt dann zu dem Bild bei), und es kommt zu terminalem *Schock* oder Kreislaufkollaps. Als Ersatz bei schwerer Dehydratation haben Salzlösungen dramatische Erfolge.

Statt durch Elektrolytmangel kann Dehydratation auch durch primäre Wasserverarmung bedingt sein, was jedoch viel seltener der Fall ist. Dieser Genese begegnet man bei primärem Durst, gleich welcher Ursache, ferner bei bestimmten Patienten (meist mit Schäden des Zentralnervensystems), deren Durstreceptoren nicht normal auf die Hyperosmolarität der Körperflüssigkeiten ansprechen. Wenn der Patient den eigenen Bedarf nicht bemerkt, obwohl er ungewöhnlichen Wasserverlusten ausgesetzt ist (Schwitzen, Fieber, Diabetes insipidus), verlangt seine Wasseraufnahme sorgfältige Überwachung.

Urinbildung. Die Sekretion des Urins spielt für die Erhaltung sowohl der Konzentration als auch der Neutralität der extracellulären Flüssigkeit eine entscheidende Rolle. Für die Volumenkontrolle ist die Anpassungsfähigkeit der Niere bei der Konservierung von Na^+ und Cl^-

entscheidend, weil diese Ionen in der extracellulären Flüssigkeit vorherrschen. Dem Natriumhaushalt kommt das größere Gewicht zu.

Die gegenwärtigen Vorstellungen über tubuläre Vorgänge lassen sich folgendermaßen kurz zusammenfassen.

Im *proximalen* Tubulus werden 30% bis 80% der anorganischen Ionen aus dem Glomerulusfiltrat in den Blutstrom zurückbefördert. Es scheinen bei diesem Transport keine nennenswerten Konzentrationsgradienten zu entstehen, weil den Ionen durch Osmose eine entsprechende Menge Wasser leicht folgt. Eine Anzahl Ausscheidungsprodukte wird jedoch bei diesem Prozeß im tubulären Urin angereichert, außerdem werden Glucose und Aminosäuren in diesem Abschnitt rückresorbiert und die Testsubstanz p-Aminohippurat wird in den Urin ausgeschieden. Mit der Natriumpumpe kann man die Volumenabnahme weitgehend erklären, Chlorid und Bicarbonat folgen dabei passiv. Den Vorgang hält man für annähernd isohydrisch.

Im *distalen* Tubulus kann das Wasserstoffion bei seinem Übertritt in den Urin bis auf das 800fache konzentriert werden. In der umgekehrten Richtung können Natrium und Chlorid zur Bildung eines verdünnten Urins 50fach konzentriert werden. Ein wesentlicher Teil des Na^+-Pumpmechanismus scheint darin zu bestehen, daß K^+ und H^+ möglicherweise um den Ersatz des Urin-Na^+ konkurrieren. Dies wird zur wichtigsten Stelle der K^+-Ausscheidung. Zu einem anderen Teil scheint die Natriumpumpe nicht mit dem Übertritt von K^+ und H^+ verknüpft zu sein.

Natriumresorption soll auch in der Henleschen Schleife vorkommen, doch die Wasserbewegung hält offenbar nicht Schritt; man nimmt nämlich an, daß ein hypotonischer Urin die Henlesche Schleife verläßt (Wirz; Berliner), während man im Markgewebe und in den Papillen eine hypertonische Lösung findet. Das Nachhinken der Wasserbewegung wird im distalen Tubulus nicht vollständig ausgeglichen, es kann vielmehr bis in die Sammelröhren hinein fortbestehen.

Für die Konzentrierung des Urins ist das *antidiuretische Hormon* erforderlich, dessen Funktion darin bestehen mag, daß es den distalen Tubulus für Wasser durchlässiger macht, was die Rückdiffusion des Wassers in das umgebende Gewebe erleichtert. Eine Normalperson kann den Urin bis zu einer Osmolarität von etwa 1,4 konzentrieren. Als mittlere tägliche Ausscheidung gelöster Bestandteile fand man 1200 Milliosmole, wobei Harnstoff etwa die Hälfte dieses Betrages ausmachte.

Es gibt ein System von Selbstregulationsmechanismen für Konzentration und Volumen der extracellulären Flüssigkeit, dazu gehört 1. die Reaktionsfähigkeit der Niere selbst auf Ionenkonzentrationen, 2. Abgabe von *antidiuretischem Hormon* als Antwort auf erhöhten osmotischen Druck, der auf die Osmoreceptoren wirkt, und 3. Freisetzung von *Aldosteron* und möglicherweise ähnlichen Hormonen als Reaktion auf Natriumverarmung (wahrscheinlich noch spezifischer auf Hypovolämie). Die zuletzt genannten Hormone fördern die Rückresorption von Na$^+$ und die Ausscheidung von K$^+$. Diese Mechanismen suchen das Elektrolytgerüst der extracellulären Flüssigkeit möglichst konstant zu halten.

Eine dieser Kontrollen fehlt bei der *Addisonschen Krankheit;* bei ihr ist das Nebennierenrindengewebe weitgehend zerstört oder atrophisch und die Na$^+$-Resorption durch die Nierentubuli ist eingeschränkt. Die K$^+$-Ausscheidung ist zugleich abnorm gering. Dem Addisonkranken droht ständig Dehydratation und als Folge davon Schock. Die Natriumkonzentration des Serums kann leicht abnehmen; darin drückt sich nicht nur die Konzentrationsverminderung in der extracellulären Flüssigkeit, sondern auch der damit verbundene schwere *Volumenverlust* aus. Das Serumkalium hat die Tendenz, über das normale Niveau anzusteigen.

Diabetes insipidus entsteht, wenn der antidiuretische Mechanismus versagt, was auf einer Schädigung des Hypothalamus oder des Hypophysenhinterlappens beruhen kann. (Was heißt „*Diabetes insipidus*"?)

Herzkrankheiten können die Fähigkeit der Niere, Natriumionen auszuscheiden, einschränken, wenn vermindertes Herzminutenvolumen zu einer Abnahme der Nierendurchblutung führt. Weil mit dem Elektrolyt gleichzeitig auch Flüssigkeit retiniert wird, kommt es zu Ödemen. Die Natriumausscheidung kann auch bei Cirrhosen und bei Schwangerschaftstoxikosen erschwert sein. Man versucht, die verlangsamte Ausscheidung auszugleichen, indem man mit Hilfe der sogenannten *natriumfreien* Diät (die natürlich nicht ständig natrium*frei* sein darf, weil Na$^+$ ein essentieller Nahrungsbestandteil ist) die Aufnahme einschränkt.

Ödeme behandelt man häufig, indem man dem Körper Na$^+$ durch Diuretica entzieht, gelegentlich auch durch Gaben von Ionenaustauscherharz. Dies ist eine körnige Masse aus polymerer Carboxylsäure, die im Austausch gegen ihre Wasserstoffionen Na$^+$ bindet. Gewöhnlich gibt man einen Teil des Harzes als Kaliumsalz, um Kaliumverarmung zu vermeiden. Solche Harze dürfen wegen ihrer säuernden Wirkung nur intermittierend angewandt werden. Durch Gemische aus Anionen- und Kationenaustauschern läßt sich dieser Effekt umgehen.

Wie wir sahen, sezernieren wir einen größeren Teil unserer extracellulären Elektrolyte täglich in den Verdauungskanal. Den Glomerulus passiert dagegen in etwa zwei Stunden ein Volumen, das der gesamten extracellulären Flüssigkeit entspricht! Die Gefahr schwerer Verluste ist nicht entsprechend größer, beeindrucken sollte aber die Feinheit der tubulären Prozesse, durch die die verschiedenen Ionen konserviert oder ausgeschieden werden müssen. Die Symptome bei einem Ausfall renaler Regulationsvorgänge beruhen wahrscheinlich mehr auf *mangelhafter* Konservierung als auf der Retention von toxischen Abbauprodukten.

Na$^+$- und Cl$^-$-Analyse in der Diagnostik. Diese Ionen werden im Serum hauptsächlich bei zwei Fragestellungen bestimmt: Um die Gesamthöhe des Elektrolytgerüstes zu ermitteln (was eine Na-Bestimmung ausreichend erfüllt) und um Auskunft über das Säure-Basen-Gleichgewicht zu erhalten. In dem ersten Fall will man sich ein Bild von dem Hydratationszustand machen und von der Arbeitsweise jener Mechanismen (zum Beispiel endokriner), die die Homöostase der Körperflüssigkeiten kontrollieren. Den zweiten Zweck erfüllt die Analyse eines der beiden Ionen allein nicht, aber auch durch Bestimmung beider erreicht man nicht viel mehr.

Es wird Ihnen leichterfallen, über diese Analysen nachzudenken, wenn Sie sich vergegenwärtigen, welchen Teil des Elektrolyt-Säulendiagramms Sie aufgrund Ihrer Laboratoriumsbefunde zeichnen können (Abb. 3.3). Erhalten Sie für das Serum-Na$^+$ einen Wert von 137 und

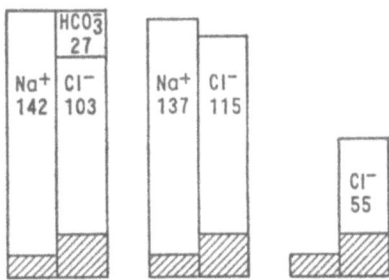

Abb. 3.3. Vorschlag zur Bewertung fragmentarischer Daten. Das linke Säulendiagramm entspricht normalem Serum. Im mittleren Fall fand man ein Serum-[Na$^+$] von 137 und ein -[Cl$^-$] von 115 Milliäquivalent pro Liter. Es wurde von der Voraussetzung ausgegangen, daß sich die Konzentration der kleineren Komponenten nicht verändert hat, der Sockel wurde also unverändert verwendet. Die Höhe des Elektrolytgerüstes wird so mit hinreichender Genauigkeit angezeigt. Eine Differenz von 10 Milliäquivalent bleibt für das Bicarbonation. Die größten Unsicherheitsfaktoren an dieser Schätzung sind, (1) daß Ansammlung von Ketosäuren das [HCO$_3^-$] überschätzen ließ, (2) daß Hypoproteinämie zu einer Unterschätzung der [HCO$_3^-$] führte. Für das dritte Diagramm lag nur das Serumchlorid vor (ein Fall von diabetischer Acidose); hier ist unsere Kenntnis über das Elektrolytgerüst praktisch null

das -Cl$^-$ einen von 115 Milliäquivalent pro Liter, dann können Sie diese Befunde nebeneinanderstellen und zunächst einmal annehmen, die verschiedenen kleineren Komponenten im „Sockel" hätten normale Werte. Aus dem fertigen Diagramm ergibt sich eine Differenz von 10 Milliäquivalent, die dem Bicarbonation zugehören *könnte*. Danach bieten diese Analysen gemeinsam einen *groben Einblick* in das Säure-Basen-Gleichgewicht, aber drei Viertel dieser Differenz von 10 Milliäquivalent können in Wirklichkeit ja Ketonanionen sein! Oder bei einer Hypoproteinämie kann die wirkliche Differenz vielleicht 18 Milliäquivalent betragen.

Mit der Chloridanalyse allein erreicht man offenbar nur wenig. *Sehr hohe* oder *sehr niedrige* Werte erlauben Vermutungen darüber, ob die Grenzen für den Bicarbonatspiegel niedriger oder höher anzusetzen sind, vorausgesetzt, wir limitieren den Serum-Na⁺-Spiegel nach oben und unten. Das Bild ist aber gewöhnlich zu bruchstückhaft. Was den primitiven Schluß angeht, „niedriges Serumchlorid, deshalb Salz injizieren", so wollen wir uns daran erinnern, daß man ein Elektrolytbild, zu dem ein hohes Serumchlorid gehört (zum Beispiel bei Säuglingsdiarrhoe), durch Injektion von Natriumchloridlösung behandeln kann, wenn die Injektion von Natriumlactat auch überlegen sein mag. Entsprechend ist es ein gefährlicher Mißbrauch von Laboratoriumsergebnissen, wenn man aufgrund der mehr informativen Serum-Na⁺-Analyse nichts weiter versucht, als unkritisch den Na⁺-Spiegel wieder zu normalisieren.

Wird das Serum-Na⁺ zur Untersuchung des extracellulären Elektrolytvorrates gemessen und entdecken wir, daß es ein Konzentrationsdefizit von vielleicht 10 oder 15 Milliäquivalent aufweist, dann haben wir damit noch kein *unmittelbares* Maß für den gesamten Natrium*gehalt* der extracellulären Flüssigkeit. Wenn wir das Gesamtvolumen dieser Flüssigkeit bestimmen könnten, wäre das Bild viel klarer. Dieses Volumen kann man schätzen, wenn man eine Substanz injiziert, die sich schnell über den ganzen extracellulären Raum verteilt, ohne jedoch in einen anderen Raum zu gelangen. Messen wir deren Konzentration im Serum nach einer geeigneten Frist für die Mischung, dann können wir eindeutig das Volumen berechnen, über das sie sich verteilt. In der Praxis können wir auch um die Menge korrigieren, die währenddessen ausgeschieden wurde. Thiocyanat- oder Bromidionen wurden für diesen Zweck benützt. Die Methode wird in der Diagnostik wenig verwendet.

Hyponatriämie beruht zwar im allgemeinen auf einer *Überlastung* der renalen Regulationsmechanismen (Dehydratation oder Wasserintoxikation), doch gibt es eine heterogene Gruppe von Patienten, deren Regulationsmechanismen so eingestellt zu sein scheinen, daß sie die *Hyponatriämie aufrechterhalten*. Versuche, in diesen Fällen den Plasmanatriumspiegel zu normalisieren, sind schwierig und höchstens von kurzem Erfolg, sie können Ödeme hervorrufen. Diesen Zustand findet man zum Beispiel bei sehr erschöpften Patienten nach schwerer Operation, er wurde als „symptomlose" oder „kranke-Zellen"-(„sick-cell"-)Hyponatriämie beschrieben. Anhaltende, übermäßige Sekretion des antidiuretischen Hormons Vasopressin kommt als mögliche Ursache in Betracht.

Der Serumnatriumspiegel wurde im vorhergehenden als Maß für den Grad einer Dehydratation verwandt, was natürlich völlig versagt, wenn Wassermangel (und weniger Elektrolytmangel) primär an dem Volumenschwund der extracellulären Flüssigkeit mitwirkt. Die Folge von reinem Wassermangel ist natürlich *Hypernatriämie*.

Analysenergebnisse dieser beiden Ionen, Na⁺ und Cl⁻, diagnostisch zu deuten ist weniger schwierig, als für manche Ionen, die im folgenden behandelt werden; denn sie werden wenigstens in dem Raum bestimmt, in dem jeweils der größte Anteil des Körpervorrates enthalten ist, nämlich im extracellulären Raum. Zwei Faktoren erschweren es, ihre Serumkonzentrationen zu deuten: Wie wir schon sahen, kennen wir das extracelluläre Gesamtvolumen nicht genau, und vom Natrium wissen wir nicht, wieviel im Knochen vorhanden und wieviel in die Zellen eingedrungen ist. Normalerweise befinden sich etwa 40% des gesamten Körpervorrates im Knochen. Dieses Natrium kann, wenigstens bei Tieren, während einer metabolischen Acidose eventuell aus dem Knochen freigesetzt werden, jedoch viel weniger leicht bei Natriumerschöpfung oder bei respiratorischer Acidose. Der Wert von Na^+- und Cl^--Analysen soll in Kapitel 8 und 10 noch einmal durchdacht werden.

4. Kaliumverteilung

Bei der Deutung diagnostischer Kaliumbestimmungen begegnet man einem Verteilungsproblem, das man bei Na^+ und Cl^- nicht findet: Wir untersuchen die Konzentration in einem Raum, der nur einen kleineren Teil des Körperkaliums enthält. Eine *Muskel-* oder *Leber*biopsie würde über den Zustand des Körper-Kaliumhaushaltes weit mehr aussagen.

Aber selbst wenn wir eine solche Biopsieprobe zur Verfügung hätten, müßten wir bedenken, daß sie nicht ausschließlich aus cellulärer Phase besteht. Es handelt sich vielmehr um ein Gemisch aus extracellulärem und cellulärem Raum in unbekanntem Verhältnis; typischerweise mögen zwar etwa zwei Drittel des Wassers als celluläres und ein Drittel als extracelluläres vorliegen, aber das Verhältnis ist von Gewebe zu Gewebe nicht konstant. Die Analyse einer solchen Probe ergibt eine gewisse Menge Na, etwas weniger Cl und etwas mehr K. Historisch gesehen verging fast ein Jahrhundert, bis man diese Befunde deuten konnte. Sie wurden erst verständlich und verwertbar, als man erkannte, daß sich fast alles Cl^- und Na^+ in der extracellulären Phase befindet und fast alles K^+ in der cellulären. Selbst unter der Voraussetzung, daß wir Gewebs-K^+-Bestimmungen routinemäßig erhalten könnten, brauchen wir ein Maß für das Verhältnis zwischen cellulärer und extracellulärer Phase in der Probe, um mit den Ergebnissen etwas anfangen zu können.

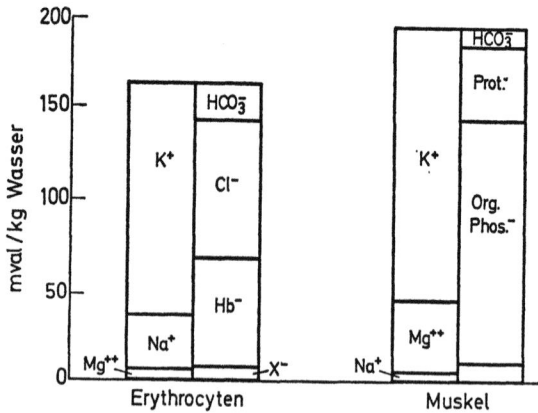

Abb. 4.1. Ungefähres Bild des Elektrolytgerüstes von menschlichen Erythrocyten und von der Zellphase von Muskelgewebe. (Nach Hastings: Harvey Lectures 36, 91 [1940—1941])

Die Analyse von Zellen, wie den Erythrocyten, die man durch Zentrifugation so dicht packen kann, daß die extracelluläre Phase fast vollständig entfernt wird, liefert einfachere Ergebnisse. Abb. 4.1 zeigt ein ungefähres Ionenbild menschlicher Erythrocyten. Rote Blutkörperchen sind jedoch atypische Zellen mit sehr begrenzten Stoffwechselleistungen, ihr Wert als Biopsieprobe wurde infolgedessen in Frage gestellt.

Das Ionogramm der Muskelzelle ist in Abb. 4.1 ebenfalls näherungsweise dargestellt. Zu diesen Ergebnissen kam man, wenn man annahm, daß der Chloridgehalt der Muskelzelle zu vernachlässigen sei. Die Cl^--Analyse der Muskelprobe wurde also dafür verwendet, zu berechnen, wieviel von dem Wasser, Na^+, K^+ und so weiter den Zellen zugeschrieben werden sollte. Der auf diese Weise berechnete Zellgehalt an Na^+ ist klein. Auch hier müssen die Konzentrationen in Milliäquivalent pro Kilogramm Zellwasser angegeben werden (oder manchmal pro Kilogramm fettfreier Trockensubstanz), damit sie etwas aussagen.

Kalium und *Magnesium* gelten als die wichtigsten *Kationen* der Zelle. Von den *Anionen* wurde das celluläre *Bicarbonat* indirekt bestimmt. Über dieses Anion hinaus ist die Zelle sehr reich an komplexen Anionen, wie den Phosphatderivaten, die von einfachen Estern und Amiden bis zu den größermolekularen Phospholipiden und Nucleinsäuren reichen, und außerdem den Proteinanionen. Die meisten Proteine enthalten weit mehr saure Aminosäuren, deren Seitenketten eine freie Carboxylgruppe mitbringen, als solche, deren Seitenketten freie Aminogruppen beitragen. Deshalb besitzen die Proteine bei etwa neutralen pH-Werten mehr negative Ladungen als positive und sind polyvalente Anionen. Nur in grober Annäherung haben wir hier den Beitrag dieser beiden Anionen, der Caboxylat- und Phosphatgruppen, mit der Gesamtzahl anionischer Gruppen gleichgesetzt. Sulfat entspricht aber ebenfalls einem beträchtlichen Anteil der Zellanionen. In ihrer Gesamtkonzentration, daran brauchen wir auch hier nicht zu zweifeln, sind Anionen und Kationen gleich.

Wenn wir von der Tatsache ausgehen, daß die wichtigsten Katalysatoren und Strukturelemente des Körpers großmolekulare *Anionen* sind, dann verstehen wir vielleicht, warum unsere Körperflüssigkeiten Salz enthalten müssen. Wenn dies nun einmal Anionen sind, müssen auch Kationen vorhanden sein; warum K^+ und Mg^{++} als Kationen dienen müssen, ist eine andere Frage. Brauchen wir *innerhalb* unserer Zellen eine Elektrolytlösung, dann ist die Umgebungsflüssigkeit am einfachsten ebenfalls eine Elektrolytlösung vom gleichen osmotischen Druck. Natürlich ist es auch viel einfacher, ein saures oder alkalisches Verdauungs- oder Nierensekret auszuarbeiten, wenn wir von einer Salzlösung ausgehen und nicht von reinem Wasser.

Wir wissen nicht, wieviele der Magnesiumionen in den Muskel- oder Leberzellen wirklich frei vorliegen, aber die Bindung eines dieser Ionen dürfte wohl jeweils gleich viele anionische wie kationische Ladungen ausschalten. Doch selbst wenn man diese Frage offen läßt, scheint die Konzentration freier Kationen in Muskelzellen, zum Beispiel, höher zu sein als in der extracellulären Flüssigkeit. Bedeutet dies, daß der osmotische Druck innerhalb der Zellen unbedingt höher ist? Welche Anionen tragen pro Äquivalent Ladung am wenigsten zum osmotischen Gesamtdruck bei?

Unterscheidung von Na^+ und K^+. Aktiver Transport. Wie die Zellen zwischen Natrium- und Kaliumionen unterscheiden, so daß sie das eine fast vollständig *ausschließen*, das andere aber selektiv *einschließen* können, ist gegenwärtig wohl das schwierigste ungelöste Problem in der Biochemie. Diese Frage kam uns eine Zeitlang leichter vor, weil wir annahmen, daß K^+ innerhalb der Zelle einfach eingemauert würde. Durch Experimente mit Isotopen wissen wir jetzt aber, daß es ständig herausleckt, während Natrium ständig hineinleckt, und daß die eigentümliche Verteilung allein dadurch aufrecht erhalten wird, daß die Ionen fortwährend gegen einen Konzentrationsgradienten übertragen werden.

Daß wir diese Bewegung kennen, ist für uns besonders wichtig, wenn wir die klinische Chemie unter dem Gesichtspunkt der *Verteilung* betrachten wollen. Nach Ausschluß vieler anderer Erklärungsmöglichkeiten beginnen die Untersucher es für wahrscheinlich zu halten, daß es in der Plasmamembran einen spezifischen chemischen Ort gibt („Carrier", „Überträger"), der Na^+ (aber nicht K^+) unter Komplexbildung bindet. Dieser Komplex muß Na^+ durch die Membran bringen und nach außen abgeben können. Außerdem ist dieser Prozeß fähig, Na^+ fast vollständig aus dem Zellinneren in eine extracelluläre Lösung zu schaffen, deren Na^+-Konzentration bei 0,14 m liegt; er muß Na^+ also von einer niedrigen zu einer höheren Konzentration befördern. Wir haben nicht nur dieses Gefälle *chemischer Konzentration*, gegen das Arbeit geleistet werden muß, sondern außerdem ein *Potential*gefälle, denn das Zellinnere pflegt im Verhältnis zu der umgebenden Phase elektronegativ zu sein. Werden diese beiden Gradienten (der chemische und der elektrische) im geeigneten Maßstab addiert, dann erhalten wir den *elektrochemischen* Gradienten, der angibt, wieviel Arbeit für jedes Natriumion geleistet werden muß, um es aus der Zelle zu entfernen. Der ganze Prozeß muß entsprechend eine energieliefernde Reaktion einschließen und einen Weg, die Energie dieser Reaktion in die Bewegung oder die Aktion des Na^+-Carriers umzusetzen.

Der Eintritt von K^+ wird dagegen durch die Potentialdifferenz zwischen Umgebung und Zellinnerem begünstigt. Im Fall der Nerven- und der Muskelzelle kann diese Potentialdifferenz so groß sein, daß sie die K^+-Verteilung, die man zwischen innen und außen vorfindet, bereits erklärt. Unser Energiebedarf für die bloße Ausstoßung des Natriumions entspricht deshalb fast dem ganzen Energiebedarf für die Natriumausstoßung und den Ersatz durch Kalium. Bei einigen anderen Zellen dagegen, besonders bei dem roten Blutkörperchen, ist das Potentialgefälle durch die Plasmamembran hindurch viel zu klein, als daß es die Kaliumaufnahme erklären könnte. Wir können diese Potentialdifferenz messen, indem wir verfolgen, wie sich das frei diffundierende Cl^- verteilt. Da die Potentialdifferenz nur so groß ist, daß sie ein Verhältnis für $Cl^-_{außen}/Cl^-_{innen}$ von 1,4 zuwegebringt, während doch $K^+_{innen}/K^+_{außen}$ einen Wert von etwa 30 besitzt, muß ein anderer Faktor als die Potentialdifferenz vorhanden sein, der die beträchtliche Asymmetrie der K^+-Verteilung erklärt. So ist denn auch ein spezifischer K^+-Carrier und zusätzlicher Energieaufwand für den K^+-Transport in die Zelle erforderlich.

Sehr wahrscheinlich arbeitet ein solcher K^+-Carrier auch für Nerven und Muskeln, wenn die zusätzlichen Energiekosten hier auch minimal sein mögen. Gerade für diese Gewebe ist die Anwesenheit von K^+ zur Ausstoßung von Na^+ erforderlich, so als hätten wir es nicht mit zwei getrennten Transportprozessen zu tun, sondern mit einer engen Verbindung zwischen Na^+-Ausstoßung und K^+-Aufnahme in die Zelle. Die gleiche Beziehung scheint sich auch auf den Transport im Erythrocyten anwenden zu lassen.

Schematische Darstellungen der Transportvorgänge können manchmal die Denkmöglichkeiten einschränken. Trotzdem wollen wir in Abb. 4.2 versuchsweise ein Schema durchdenken, wie es von Shaw vor-

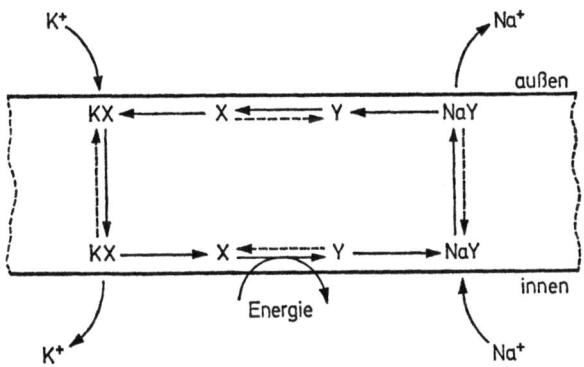

Abb. 4.2. Hypothese von Shaw über einen Carrier für das Kaliumion, der in Abhängigkeit von einer energieliefernden Reaktion in einen Carrier für das Natriumion umgewandelt wird. (Mit Genehmigung wiedergegeben nach Glynn: Progress in Biophysics and Biophysical Chemistry 8, 292 [1957])

geschlagen wurde; dabei nimmt man an, der Carrier, der dazu dient, Na^+ nach außen zu schaffen, werde reversibel in einen Carrier umgewandelt, der K^+ in die Zelle leiten kann. Wir sollten ein solches Schema nicht so verstehen, als sei demnach der Carrier ein frei pendelndes kleines Molekül; er mag eine oscillierende Komponente der makromolekularen Membranstruktur sein. Leider hat man in der Biochemie bisher noch keine Strukturen gefunden, die mit hinreichender Spezifität entweder nur Na^+ oder nur K^+ binden, nicht aber beide, ganz zu schweigen von der zusätzlichen Eigenschaft, daß sich Na^+- und K^+-bevorzugende Formen ineinander umwandeln können.

Das Problem des biologischen Transportes geht über das, was wir bisher in diesem Abschnitt erkannt haben, weit hinaus. Nicht nur K^+, sondern auch Aminosäuren und andere gelöste Stoffe werden gegen Konzentrationsgradienten in Zellen hineingeschafft. Ferner werden verschiedene gelöste Substanzen, wie Aminosäuren und Zucker, durch das Darmepithel und das Epithel der Nierentubuli hindurch konzentriert. Der weitverbreitete Prozeß der Sekretion erfordert den spezifischen Transport vieler gelöster Stoffe gegen Konzentrationsgradienten. Die Sekretion nützt zweifellos die gleiche Fähigkeit der Zellen aus, nämlich gelöste Substanzen gegen ihr Konzentrationsgefälle nach innen oder außen zu befördern.

Wir sollten daher erwarten, daß in der Membran nicht nur entsprechende Carrier für Na^+ und K^+ zu finden sind, sondern auch für all diese anderen Arten gelöster Stoffe. Außerdem muß man stets den Transport dieser Moleküle wie auch der anorganischen Ionen berücksichtigen, wenn man darlegen will, wie die Energie für osmotische Arbeit genutzt wird.

Neben anderem haben wir durch die Verwendung von Isotopen folgendes gelernt: Wir dürfen uns nicht darauf beschränken, die Übertragung des markierten Lösungsbestandteils nur in die Zelle hinein (oder aus ihr heraus) zu berechnen; wir müssen auch die Größe der Rückbewegung ermitteln und zusätzlich die Nettobewegung bestimmen. Das heißt, daß sowohl die beiden verschiedenen Fluxe als auch die Nettobewegung gemessen werden müssen. Die Geschwindigkeit des K^+-Eintritts in die Zelle kann, wie man entdeckt hat, so groß sein, daß dies mehr Energie erfordern würde, als der Zelle insgesamt zur Verfügung steht. Offenbar wird ein großer Teil dieser Kaliumionen, ohne bemerkenswerten Energieaufwand, einfach unter Austausch gegen bereits in der Zelle vorhandene aufgenommen. Diese Erscheinung ist als Austauschdiffusion bekannt. Wir können daraus schließen, daß viele Aktionen des Carriers nicht mehr erreichen, als die transportierte Substanz in die Phase zurückzubringen, aus der sie kam, obwohl zugleich auch Austausch gegen ein Molekül der gleichen Substanz aus der anderen Phase vorkommen kann.

Energieversorgung des aktiven Transportes. Auf zwei Niveaus könnte der Bergauftransport mit dem energieproduzierenden Stoffwechsel verknüpft sein: 1. Auf dem Niveau des Elektronentransportes zwischen den Cytochromen, 2. auf einer späteren Stufe, wenn die Energie bereits in der Form energiereicher Phosphatbindungen im ATP konserviert worden ist. Obschon der ersten Möglichkeit erhebliches Interesse entgegengebracht wurde, sprechen neuere Ergebnisse dafür, daß wahrscheinlich ATP die Energie in die Transportmaschinerie bringt.

Es ist klar, daß die Energie für den Transport vor allem aus der Glycolyse stammen kann, einem Prozeß, an dem die Cytochrome nicht unmittelbar beteiligt sind, obwohl ATP erzeugt wird. Man kann das Fortbestehen des Bergauftransportes in Abwesenheit von Sauerstoff bei vielen Geweben nachweisen. Infolgedessen scheint grundsätzlich eher die ATP-Produktion als der Atmungsstoffwechsel erforderlich zu sein.

Ferner haben Caldwell und seine Mitarbeiter in Plymouth (England) folgendes zeigen können: Nachdem sie den Elektronentransport im Riesenaxon des Tintenfisches mit Cyanid blockiert hatten, infundierten sie ATP mit Hilfe eines feinen Katheters in das Riesenaxon und stellten dadurch den Na^+-Efflux wieder her. Dort, wo das ATP Bergauftransport ermöglicht, konnte seine Spaltung in ADP und anorganisches Phosphat nachgewiesen werden. Einige Untersucher entdeckten gemeinsam, daß eine charakteristische ATP-Aktivität mit dem Alkalimetalltransport verbunden ist. Dabei sind für die ATP-Spaltung transporterhaltende Konzentrationen von Na^+ und K^+ nötig; außerdem wird die Spaltung durch die Anwesenheit von Herzglykosiden, wie g-Strophanthin, in dem gleichen Maße blockiert wie der Na^+- und K^+-Transport.

Wir sollten nicht glauben, ein einziges einfaches Enzym, ATPase, bewirke Transport. Das Problem des Transportes ist durch diesen Befund nicht mehr gelöst, als es das Problem der Muskelkontraktion war, nachdem man auch damals entdeckt hatte, daß der Prozeß eine ATPase-Wirkung sei. So muß zum Beispiel der Weg erforscht werden, den die Phosphorylgruppe nimmt, nachdem sie von ATP abgegeben wurde und bevor sie als Phosphation erscheint. Offenbar nimmt diese Phosphorylgruppe intermediär einen Platz in einem Phospholipidkörper, den Phosphatidsäuren, ein, die in der Membran in Form von Lipoproteiden vorliegen. Im ganzen bleibt die Frage weiter völlig ungelöst, wie die Energie aus der Spaltung von ATP in Transportenergie umgewandelt werden kann, die fähig ist, gelöste Moleküle durch Membranen gegen Konzentrationsgradienten zu bewegen.

Endokrinologie des Transportes. Bemerkenswert oft verändern Hormone in physiologischer Konzentration die Transportvorgänge; solche Einflüsse als alleinige Grundlage einer Hormonwirkung scheinen sogar am häufigsten vorzukommen. Am eindrucksvollsten ist der Fall der Aldosteronwirkung. In den distalen Nierentubuli steigern winzige Mengen dieses Hormons die Resorption von Na^+ im Austausch gegen K^+. Die Folgen einer verminderten Hormonausschüttung bei der Addisonschen Krankheit wurden im vorangehenden Kapitel besprochen.

Aldosteron und die übrigen Mineralocorticoide beeinflussen den Transport von Na^+ und K^+ durch die Cytoplasmamembran auch bei den verschiedenen anderen Zellen des Organismus, indem sie offenbar den Nettoeintritt von Na^+ und den Ausstrom von K^+ aus den Zellen begünstigen. Die Hemmung des Alkaliionentransportes durch die Pflanzensteroide, zu denen die Herzglykoside und deren Aglykone zählen, ist wahrscheinlich verwandt mit der Funktion der Nebennierensteroide, die Verteilung dieser beiden Ionen zu kontrollieren.

Wirkungen östrogener Steroide, wie Stilböstrol, und der Glucocorticoide auf den Transport sind ebenfalls berichtet worden. Ferner scheinen einige Peptidhormone den Membrantransport zu beeinflussen. Wir haben beiläufig die Steigerung der Wasserbewegung durch Vasopressin erwähnt. Diese Wirkung und die von Insulin und Oxytocin kann darauf beruhen, daß das Peptid auf interessante Weise an die Membran gebunden wird. Die Disulfidbrücke zwischen den Ketten, die in jedem dieser Peptide vorkommt, kann in die unmittelbare Nähe einer Sulfhydrylgruppe in der Membran gebracht werden. Diese Sulfhydrylgruppe kann die Sprengung der Disulfidbindung des Hormons veranlassen unter Bildung einer neuen Disulfidbrücke zur Membran (Fong, Schwartz et al.). Wenn es dann zu weiterem Sulfhydryl-Disulfidaustausch kommt, kann dies das veränderte Membranverhalten erklären. Im Falle von Insulin hat diese Änderung des Verhaltens zur Folge, daß Muskel- und Fettgewebe die Zucker, Aminosäuren und Alkaliionen schneller transportiert.

Der Fall des Zuckertransportes ist besonders interessant. Obwohl es sich hierbei gewöhnlich nicht um einen Bergauftransport handelt, ist doch eindeutig eine chemische Reaktion daran beteiligt, mit einer Membrankomponente deren Reaktionsfähigkeit durch Insulin gesteigert wird. Der Beweis für solch eine chemische Vermittlung bei der Zuckeraufnahme wird durch die Struktur- und die Stereospezifität des Prozesses erbracht, außerdem durch seine Empfindlichkeit gegen kompetitive Hemmung durch analoge Zucker. Es dürfte einleuchten, daß die Aufnahme ganzer Tröpfchen extracellulärer Flüssigkeit in die Zelle, ein Vorgang, der als Pinocytose bekannt ist, ein so spezifisches Transportverhalten nicht erklären kann.

Daß häufig durch ein Hormon mehrere Transporte gleichzeitig verändert werden können, mag von der engen Verbindung zwischen den Transportvorgängen herrühren. So ist beispielsweise der Transport von Aminosäuren und Zuckern empfindlich gegenüber der Anwesenheit und Verteilung der Alkaliionen, und die Bewegung jener Lösungsbestandteile führt zu der Verschiebung dieser Ionen.

Im folgenden Kapitel werden wir sehen, daß das Parathormon den Calciumtransport stimuliert. Beiläufig sei auch noch bemerkt, daß eine große Zahl Pharmaka, neben den Steroiden, ihre therapeutische Wirkung durch Veränderung des Membranverhaltens entfaltet.

Transport und die Deutung diagnostischer Analysen. Das Phänomen des Bergauftransportes aus der extracellulären Flüssigkeit in die Zellen führt bei der Deutung klinisch-chemischer Analysen zu ernsten Problemen. Als Beispiel der Serumkaliumspiegel: Er kann zwar in einigen Fällen in dem gleichen Verhältnis vermindert sein wie der gesamte Körpervorrat an K^+; bei anderen Gelegenheiten, unter Bedingungen, die die Zellen anregen, K^+ preiszugeben, braucht dagegen das Serumkalium nicht in dem gleichen Ausmaß wie der Körpervorrat zu sinken. Oder umgekehrt kann eine Hyperkaliämie bestehen, ohne daß der Gesamtvorrat an Kalium erhöht ist. Darüber hinaus ist die Resorptionsgeschwindigkeit der Kationen in den Nierentubuli, ebenfalls ein aktiver Transport, von größter Bedeutung für die Kontrolle ihres Plasmaspiegels wie ihres Gesamthaushaltes. Infolgedessen nimmt das Problem des biologischen Transportes einen zentralen Platz auf dem Feld der Elektrolytbiochemie ein.

Extracelluläres K^+. Wenn sich auch der größte Teil des Körperkaliums in den Zellen befindet, so ist doch die kleinere Portion außerhalb der Zellen für ihre Aktivität und Lebensfähigkeit sehr wichtig. Eigentümlicherweise wirkt die Flüssigkeit, die sich die Zelle als ihr *inneres* Milieu aufbaut, tödlich, wenn sie zum *Außen*medium wird. Für normale Funktion muß K^+ auf der Außenseite weit niedriger liegen als innen, doch eine bestimmte Menge muß noch vorhanden sein. Normale Funktion verlangt einen Bereich, der beim Menschen wahrscheinlich enger ist als 3 bis 7 Milliäquivalent pro Liter; im allgemeinen hält sich das normale Serum-K^+ zwischen 4 und 5,5 Milliäquivalent pro Liter. Die Muskel- und Nervenerregbarkeit wird durch Abweichungen im extracellulären K^+-Spiegel stark vermindert. Besonders kritisch ist in dieser Hinsicht der Herzmuskel: Unter etwa 3 Milliäquivalent pro Liter wird der Herzmuskel wahrscheinlich geschädigt; oberhalb von 7 bis 9 Milliäquivalent droht Herzstillstand. Die charakteristischen Veränderungen im Elektrokardiogramm sind wichtige Anzeichen einer Hypo- oder Hyperkaliämie.

Celluläres Kalium. Innerhalb der Zelle macht Kalium als Kation es möglich, daß katalytische und strukturelle Elemente in hohen Konzentrationen als *Anionen* vorliegen und funktionieren. Unter der großen Zahl cellulärer Enzyme, die man isolieren konnte, fanden sich viele, deren Aktivität in K^+-haltigen Lösungen größer war als in solchen mit Na^+. Nun, für den Chemiker gleichen Na^+ und K^+ einander sehr, und beide neigen sehr wenig dazu, sich mit anderen Strukturen zu verbinden. Ca^{++} und Mg^{++} (und viele andere Metallionen) neigen dazu, Chelate zu bilden, das heißt, cyclische Verbindungen, wie Ca-Citrat oder Ca-Proteinat (Abb. 4.3), einzubeziehen; deshalb können wir leicht verstehen, warum keines von beiden sich als Hauptkation der

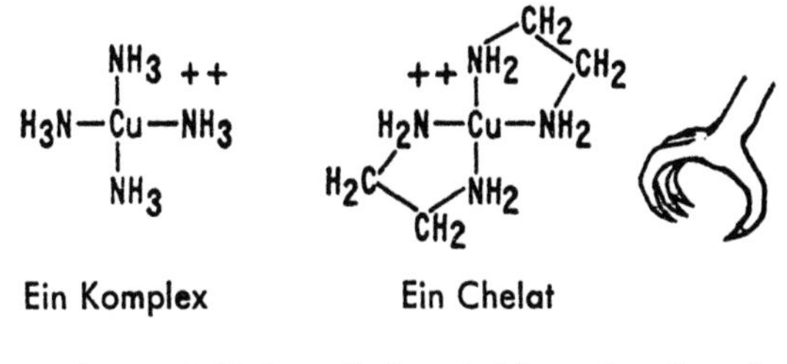

Ein Komplex   Ein Chelat

Abb. 4.3. Komplexe und Chelate. Chelate sind besondere Komplexverbindungen, in denen sich mindestens eine Ringstruktur gebildet hat. (*Chelat* von *Chela*, Klaue)

Zelle eignet. Möglicherweise genügt es bereits, daß Na$^+$ weniger leicht Chelate bildet, um viele enzymatische Reaktionen der Zelle zu stören, oder vielleicht ist eine geringe Reaktionsfähigkeit von K$^+$ mit bestimmten Proteinen wesentlich. Man hat eine Struktur entdeckt, die *Kalium* selektiv bindet, nämlich eine submitochondriale Partikel, die zu oxydativer Phosphorylierung fähig ist. Jedes Gebilde, das eines dieser Ionen selektiv bindet, sollte in dem Verdacht stehen, daß es an ihrem unterscheidenden Transport mitwirkt.

Wenn K$^+$ auch zwangsläufig das Hauptkation der Zelle ist, wird doch beachtliche Substitution durch Na$^+$ vertragen. Im vorausgehenden Kapitel wurde die Definition der Dehydratation nur auf die *extracellulären* Elektrolyte bezogen. Ein Jahrzehnt lang vernachlässigte man fast völlig die gleichzeitigen *cellulären* Elektrolytverluste. Man nahm an, daß die extracelluläre Flüssigkeit den cellulären Raum weitgehend vor Veränderungen schütze, obwohl bereits seit 1933 Ergebnisse vorlagen, die diesen Schluß in Zweifel gestellt hätten.

In jenem Jahr berichteten Atchley, Loeb et al. über umfangreiche Bilanzierungsversuche bei diabetischen Patienten, die man unter sehr vollständiger Überwachung in eine Acidose hatte kommen lassen. Ein Patient zeigte etwa folgende Nettoverluste:
216 Milliäquivalent Na$^+$
362 Milliäquivalent K$^+$

Entspräche die negative Na$^+$-Bilanz genau dem Verlust extracellulärer Flüssigkeit, dann bedeutete ein Verlust von 142 Milliäquivalent, daß 1 Liter dieser Flüssigkeit verloren gegangen sei; und folglich zeigten 216 Milliäquivalent einen Verlust von nur 1,5 l extracellulärer Flüssigkeit an.

Dürfen wir nun so weit gehen zu behaupten, die negative K$^+$-Bilanz besage, daß 362:150 oder 2,4 l Zellflüssigkeit ebenfalls verlorengegangen seien? Wie hoch wäre nach einem solchen Verlust der Untergang an Protoplasma zu veranschlagen? Der Stickstoff, Phosphor usw., der 2,4 l Zellflüssigkeit oder 9 Pfund Gewebsmasse entspricht, läßt sich berechnen; diese Mengen sollten ebenfalls in den Exkreten erscheinen und die Abzehrung des Patienten bestätigen. Das heißt, der Untergang von Gewebe wird dadurch angezeigt, daß K, N und P in dem gleichen Verhältnis verlorengehen, in dem sie in den Geweben vorliegen.

Dieser Patient gab jedoch weder N noch P seinem K-Verlust entsprechend ab. Dies bedeutet, daß die Gewebe K$^+$ verlieren können, ohne zerstört zu werden (und deshalb wahrscheinlich auch ohne eine entsprechende Menge komplexer organischer Anionen zu verlieren). Wie kann ein Kation verloren gehen ohne gleichzeitigen Anionenverlust? Durch sorgfältige Bilanzuntersuchungen fand man damals zu der Erklärung, daß Na$^+$ in den Zellen an die Stelle von K$^+$ trete.

Dies bedeutet, wir haben oben in unserer Berechnung den Verlust an Zellphase mit 2,4 kg *überschätzt* und den der extracellulären Flüssigkeit mit 1,5 l *unterschätzt*. Über das Na$^+$, das den Körper verlassen hatte, hinaus war weiteres Na^+ auch *in die Zellen* „verloren" worden. Natürlich kann einiges Na^+ aus dem Skelet auch freigesetzt worden sein. Wenn wir uns einfach auf Serum-Na^+- und -K^+-Analysen verlassen, sind diese komplizierten Zusammenhänge noch nicht berücksichtigt. Das Verfahren der Bilanzuntersuchung, Vergleich von Abgabe und Aufnahme, ist ein wertvolles Hilfsmittel, läßt sich aber in der Routinediagnostik selten anwenden.

Bei dem beschriebenen Experiment lag zugleich Acidose und Dehydratation vor; aber ähnliche Verhältnisse ließen sich auch ohne Acidose nachweisen, besonders bei den Untersuchungen von Gamble und Butler über die Lebenserhaltung auf dem Rettungsfloß. Während des sechstägigen Fastens von Versuchspersonen ließen sich deren negative Na^+-Bilanzen durch Gaben von NaCl beherrschen, was jedoch nur ihre K^+-Verluste erhöhte, die wieder die Stickstoffverluste weit übertrafen. Man erkannte aus solchen Experimenten und vielen weiteren Beobachtungen, daß das Körperkalium trotz seiner „Sequestration" in den Zellen bei Krankheiten fast in dem gleichen Maße eingebüßt wird wie extracelluläre Elektrolyte.

Kontrolle der renalen K^+-Ausscheidung. Das K^+ des glomerulären Filtrates wird wahrscheinlich im proximalen Tubulus weitgehend rückresorbiert. Wie im vorangehenden Kapitel besprochen, wird K^+ überwiegend im distalen Tubulus ausgeschieden; dafür war eine komplexe Austauschpumpe vorgeschlagen worden: bei der Resorption von Na^+ aus dem tubulären Lumen konkurrieren K^+ und H^+ um dessen Ersatz. Wenn beispielsweise die Wasserstoffionenkonzentration im Plasma erniedrigt ist, steigt die K^+-Ausscheidung an. Wird umgekehrt die K^+-Ausscheidung durch Gaben von Kaliumsalzen erhöht, dann wird der Urin alkalischer. Man kann annehmen, daß diese Einrichtung die Niere daran hindert, die H^+- und K^+-Beladungen unabhängig voneinander zu variieren. Daß K^+ bei verminderter Aufnahme nur sehr schlecht konserviert wird, mag auf dieses Hindernis hinweisen.

Wie wir gleich besprechen werden, zeigt die K^+-Pumpe, die man für Muskel- und Leberzellen annimmt, ähnliche Zeichen einer Konkurrenz zwischen der H^+- und K^+-Übertragung, so daß K^+ bei Acidosen ersetzt zu werden pflegt.

Weil K^+ in den distalen Tubulus ausgeschieden wird, ist es nicht verwunderlich, daß der K^+-Spiegel im Plasma (d. h. im glomerulären Filtrat) die Ausscheidungsgeschwindigkeit nicht wesentlich bestimmt. Die renale Pumpe scheint statt dessen eher auf den gesamten Körpervorrat an K^+ (vielleicht wie er sich in der Tubuluszelle spiegelt) zu reagieren.

Wie Kaliummangel entstehen kann. Ungenügende Kalium*aufnahme allein* ist (von Experimenten abgesehen) als primäre Ursache von Kaliummangel selten, kann jedoch mit dazu beitragen. Wird aber zu wenig Kalium aufgenommen, dann stellt die Niere ihre K^+-Ausscheidung keineswegs so weitgehend ein wie dies bei Na^+ geschieht, wenn dessen Aufnahme eingeschränkt ist. Trotzdem haben wir bei K^+ wieder hauptsächlich *erhöhte Verluste* zu betrachten. Diese lassen sich in zwei Kategorien einteilen:

1. Erhöhte K^+-Ausscheidung als primäre Ursache. Diese Genese läßt sich an dem Beispiel der schweren K^+-Mangelzustände erläutern, die sich bei Diarrhoe, besonders der Säuglingsdiarrhoe, entwickeln. Die Untersuchungen von Darrow über solche Patienten trugen wesentlich dazu bei, daß der cellulären Elektrolyterschöpfung die nötige Aufmerksamkeit zugewandt wurde. Er fand, daß Kinder während der Genesung von schweren Durchfällen beträchtliche positive K^+-Bilanzen entwickelten. Dies konnte nur bedeuten, daß sie vorher stark verarmt waren.

Warum dürfte Kalium in diarrhoischen Stühlen so reichlich enthalten sein? Normalerweise resorbiert die Mucosa der unteren Darmabschnitte Elektrolyte und Wasser so vollständig, daß wir uns für das genaue Verhalten der Mucosa gegenüber jedem einzelnen Ion gar nicht zu interessieren brauchen. Durch Einflößen von Salzlösungen hat man jedoch festgestellt, daß diese Mucosa mit denselben Lösungen ein ganz anderes Gleichgewicht erreicht als die Duodenalschleimhaut. Während ihrer Resorption neigt die instillierte Flüssigkeit dazu, an Kalium reicher und an Natrium ärmer zu werden bis ihr Kaliumspiegel 5- bis 10mal so hoch ist wie der der extracellulären Flüssigkeit. Wenn Krankheiten die Resorption von Flüssigkeit stören, kann diese K^+-anreichernde Aktivität zu gefährlichen Kaliumverlusten führen. Auch Erbrechen ist eine wichtige Ursache von Kaliumerschöpfung, und Darmfisteln können ebenfalls zu Kaliumverlusten beitragen.

Wenn auf die Nieren abnorme Mengen der „salzretinierenden" Nebennierensteroide einwirken, kann es zu übermäßigen Kaliumverlusten im *Urin* kommen. Desoxycorticosteron und andere therapeutisch verwendete Steroide wie Cortison bergen diese Gefahr. Auch wenn die Nebennierenrinde ungewöhnliche Mengen solcher Hormone sezerniert, wie beim *Cushing-Syndrom*, entsteht Kaliummangel, es sei denn die Kaliumaufnahme wird zur Kompensation dieser Verluste genügend erhöht. Ein Aldosteron sezernierender Tumor (primärer Aldosteronismus) führt zu schwerem Kaliumschwund (Conn). Wenn bei einem Patienten, der mit Steroiden behandelt wird, erhebliche Elektrolytveränderungen verhindert werden sollen, sind gegenwärtig umfangreiche Bestimmungen anorganischer Ionen erforderlich.

Schließlich kann ein Versagen der Kaliumretention sogar am Nierentubulus selbst liegen. Es gibt eine Gruppe verwandter Defekte der tubulären Rückresorption, bei denen die Fähigkeit gestört ist, Wasserstoffionen auszuscheiden, wodurch es zum Schwund verschiedener anderer Kationen kommt; die Ursachen dafür werden in Kapitel 9 näher erklärt. Der Calciumhaushalt ist wahrscheinlich schwerer betroffen, Kaliumschwund wird aber oft als besonderes Charakteristikum angesehen.

2a. Erhöhte K^+-Ausscheidung aufgrund einer Verschiebung von cellulärem K^+ in die extracelluläre Flüssigkeit. Über 3000 Milliäquivalent unseres Kaliums befinden sich in den Zellen, aber nur etwa 70 Milliäquivalent in der extracellulären Flüssigkeit (Abb. 4.5). Deshalb kann man leicht verstehen, daß eine nur geringe Störung des normalen K^+-Pumpenmechanismus unserer Zellen die extracelluläre Flüssigkeit mit einem tödlichen K^+-Gehalt überfluten könnte, kontrollierte die Niere nicht in ständiger Aktivität das Ausmaß der tubulären K^+-Ausscheidung. Daraus ergibt sich folgendes: Die Kaliummenge, die im Körper festgehalten wird, ist völlig abhängig von dem Verhalten des Transportprozesses, der bestimmt, wieviel K^+ in den Zellen retiniert wird; ebenso abhängig aber auch von der Nierenschranke, die darüber entscheidet, wieviel extracelluläres K^+ in der extracellulären Flüssigkeit zurückgehalten wird. Jede Verlangsamung der cellulären Pumpen wird gewöhnlich zu K^+-Einbußen führen.

Wenn auch nicht so genau untersucht, wird doch sehr wahrscheinlich der Kationentransport von Muskel- und Leberzellen ebenfalls hormonal gesteuert, wie in den Nierentubuli, und wahrscheinlich wird man noch finden, daß viele Kationenverschiebungen im Verlauf von Krankheiten endokrinen Ursprungs sind. Zellen können Kalium auch durch Vorgänge verlieren, die nicht endokriner Natur sind, wie zum Beispiel im Hungerzustand: Sobald unsere Glykogenvorräte erschöpft sind, verändern sich die Gleichgewichtsmengen der Metaboliten, die katabolische und anabolische Abläufe begleiten; die Konzentration der Zuckerphosphate und anderer organischer Anionen wird voraussichtlich abnehmen, besonders in der Leber. Selbst wenn die Kationenpumpen so gut arbeiten wie immer, müssen deshalb den Zellen auch Kationen verlorengehen, zunächst in die extracelluläre Flüssigkeit und von dort aus dem Körper. Besonders bei dem Schwund von Leberglykogen hat sich ein Zusammenhang mit Kaliumverlusten gezeigt. Wir haben auch gesehen, daß aus noch nicht genau bekannten Gründen bei Dehydratation und Acidose die Zellen dazu neigen, K^+ unter Ersatz durch Na^+ zu verlieren. Wird das dabei geschwundene extracelluläre NaCl energisch ersetzt, dann wird diese Tendenz begreiflicherweise noch verstärkt. Bei der Dehydratation der Addisonschen Krankheit trägt wie bei anderen Fällen von Dehydratation die Wanderung von Na^+ in die Zellen zum Volumenschwund der extracellulären Flüssigkeit ebenso bei wie sein Verlust in den Urin.

2 b. Verschiebung von Kalium in die Zellen als Ursache einer Hypokaliämie. Dieses Ereignis kann nicht einfach als K^+-Verlust bezeichnet werden, obwohl es ein wichtiger Faktor beim Auftreten von K^+-Mangel ist. In den Situationen, die in den vorangehenden Abschnitten beschrieben wurden, mag der celluläre Kaliummangel selbst vergleichsweise harmlos und latent erscheinen. Wenn dagegen das Kalium zu seiner normalen Verteilung zurückzukehren beginnt, wird der *extracelluläre* K^+-Spiegel schnell bis auf ein gefährliches Niveau vermindert. Die Art des erreichten Gleichgewichtes läßt natürlich keine vollständige Entfernung von K^+ aus der extracellulären Flüssigkeit zu, trotzdem kann K^+

bis zu tödlichen Konzentrationen absinken. Korrektur der ursächlichen Störung (zum Beispiel durch Rehydratation; durch Glykogenresynthese und beschleunigten Glucosestoffwechsel wie beim behandelten diabetischen Koma) kann den latenten K^+-Mangel aufdecken und gefährlich machen. (Glykogen verbindet sich, so wie es in der Leber deponiert ist, überhaupt nicht mit K^+; trotzdem hat der enge Zusammenhang zwischen Glykogenresynthese und dem Wiedereintreten von Kalium manchmal zu der trügerischen Vorstellung geführt, daß sich diese beiden Substanzen verbinden.)

Zweifellos kommt es erst sekundär zu einer gefährlichen Kaliumverschiebung in die Zellen nach einer vorbestehenden K^+-Erschöpfung. Die häufigste Ereignisfolge bei klinischer Hypokaliämie ist diese: Beginn mit Mechanismus 2a, einer Störung der cellulären K^+-Retention; gefolgt von Mechanismus 2b, der Aufnahme von soviel K^+ in die Zellen, daß der bestehende latente K^+-Mangel manifest wird.

Beziehung zwischen Kaliummangel und Alkalose. Darrow beobachtete bei Kindern, die sich von Durchfällen erholten, häufig eine hartnäckige Alkalose, die jedoch nach Gaben von Kalium verschwand. Alkalose hat man auch bei anderen Kaliummangelzuständen festgestellt, zum Beispiel beim Cushing-Syndrom. In der Absicht, diese merkwürdige Verbindung zwischen K^+-Mangel und Alkalose aufzuklären, ernährten Darrow und seine Mitarbeiter kleine Tiere kaliumfrei, gaben ihnen Desoxycorticosteron und brachten sie so in eine Alkalose. Die Alkalose dieser Tiere ließ sich durch KCl korrigieren; dabei zeigten sich aber nicht Urinveränderungen, die mit der Besserung einer *Alkalose* übereingestimmt hätten, sondern vielmehr solche *entgegengesetzten Charakters*, wie folgt:

Erhöhte titrierbare Acidität des Urins
Erhöhte Ammoniakausscheidung
Vermindertes Urinbicarbonat

Diese Befunde ließen kaum Zweifel daran, daß die genesenden Tiere nicht mit einer *Alkalose*, sondern mit einer *Acidose* kämpften! Gibt man überdies Ratten, die durch Kaliumeinschränkung vorher alkalotisch gemacht worden waren, wieder Kalium, dann *erniedrigt dies, wenn die Nieren ausgeschaltet sind, ihren Plasma-pH*. Damit ist die endogene Herkunft der in das Plasma zurückkehrenden Wasserstoffionen erwiesen (Orloff).

Dieses Paradoxon versuchte man folgendermaßen zu erklären: Die Beobachtungen, die zu der Diagnose einer Alkalose führten, bezogen sich auf den *extracellulären* Raum. Man nimmt an, die übliche Beziehung zwischen dem pH des extracellulären und des cellulären Raumes gehe bei Kaliummangel verloren; wenn vielmehr Na^+ celluläres K^+ ersetze, begleite etwa *ein H^+ zwei* Natriumionen beim Ersatz von *drei* Kaliumionen, dabei komme es zu einer *Säuerung* des cellulären Raumes und einer *Alkalisierung* des extracellulären. Bei kaliumverarmten Ratten ergaben indirekte Methoden den Hinweis, daß der Abfall des

Muskel-pH mehr als groß genug ist, die angenommene Aufnahme von H^+ zu belegen (Gardner; Eckel). Wenn eine Acidose den ganzen Körper erfaßt, muß die Niere mehr H^+ retiniert haben als normalerweise, was bei einer Alkalose die passende Reaktion ist. In unserem Fall *kann* jedoch diese Reaktion die Alkalose *nicht* bessern, denn aufgrund der reziproken Beziehung zwischen der H^+- und K^+-Ausscheidung schränkt der Kaliummangel die Retention von Wasserstoffionen ein, die daher kleiner ist als man bei dem gegebenen Grad der Alkalose erwartet hätte. Als Folge bleibt solange eine extracelluläre Alkalose bestehen, wie der Kaliummangel anhält. Lange bestehender K^+-Mangel führt, wie man nachweisen konnte, zu typischen renalen Schädigungen genauso und zum Herzschaden. Die charakteristische „kaliopenische" Nephropathie verhindert die übliche Reaktion auf das antidiuretische Hormon, so daß der Urin nicht mehr normal konzentriert werden kann.

Die dargestellten Folgerungen verwirren, im einzelnen bedürfen sie noch der Klärung. Später werden wir sehen, daß normalerweise ein Überschuß an H^+ im Körper zum Teil in den Zellen und zum Teil außen gepuffert wird. Dies läßt uns aufhorchen: Gibt es denn weitere Gelegenheiten, bei denen die Beziehung zwischen der Wasserstoffionenkonzentration der Zellen und der extracellulären Flüssigkeit nicht wie angenommen erhalten bleibt? Außerdem wüßten wir gerne, ob es die Nettobewegung von Na^+ in die Zellen oder der K^+-Schwund aus ihnen ist, der H^+ in die Zellen treibt, oder ob eine einzige chemische Substanz in Wirklichkeit alle drei transportiert. Man könnte sich denken, daß der Effekt durch den Widerstand der Natriumpumpe gegen den Ersatz des entweichenden K^+ durch Na^+ zustandekommt, so daß statt dessen ein Teil des K^+ gegen H^+ ausgetauscht wird.

Periodische Paralyse ist eine familiäre Krankheit, bekannt durch ihre typischen hypokaliämischen Phasen. Neuere Untersuchungen zeigen, daß die Aldosteronausschüttung periodisch stark ansteigt; primär ist sie allerdings von einer intensiven *Natrium*retention begleitet, wobei abnorme Natriummengen in den Muskel gelangen (Conn). Kaliumeinschluß in die Zellen kann dann später das Plasma-K^+ erniedrigen, doch scheint dies für den Anfall nicht entscheidend zu sein. Im Muskel erreicht jedoch die Gesamtkonzentration der beiden Alkalikationen eine abnorme Höhe; eine charakteristische Schädigung, hydropische Vakuolisierung, ist mit dieser seltsamen, nur wenig verstandenen Situation verbunden. Der auslösende Faktor für den intermittierenden Aldosteronismus ist bei dieser angeborenen Krankheit unbekannt, er scheint aber nicht in den Nebennieren zu liegen.

Wie entdeckt man einen Kaliummangel? Aus den letzten Abschnitten dürfte hervorgehen, daß die extracelluläre K^+-Konzentration nicht unbedingt die celluläre widerspiegelt, da extracellulärer pH und celluläre Transportprozesse als variable Faktoren die Beziehungen zwischen diesen beiden Phasen beeinflussen. Liegt das Serum-K^+ unter 3 Milliäquivalent pro Liter, dann ist fast mit Sicherheit ein allgemeiner

Kaliummangel anzunehmen, da während einer Krankheit die K⁺-Pumpen nur ausnahmsweise stärker arbeiten als sonst. Bei normalem Serum-K⁺ können dagegen nur vorsichtige Schlüsse auf den Gesamthaushalt des Körpers gezogen werden. So hat es bei der Entscheidung über K⁺-Ersatz häufig keinen Zweck, sich nach dem Labor zu richten.

Kaliumanalysen im Urin sind wichtig, wenn man klären will, ob es auf diesem Wege zu einer Verarmung kommt. Nehmen die Verluste einen anderen Weg, dann dürfte man im Urin eine niedrige Ausscheidungsrate für K⁺ finden.

Bilanzstudien haben uns die meisten Kenntnisse darüber gebracht, wie häufig Kaliummangel unter verschiedenen Bedingungen vorkommt. Es schien sich ganz allgemein zu zeigen, daß K⁺-Mangel fast ebenso häufig ist wie Na⁺-Mangel; in der Regel faßt man dies aber nicht so auf, als müsse man das Kalium genauso routinemäßig ersetzen wie den extracellulären Elektrolyt. Die Schwierigkeit ist dabei nicht nur, daß man den Kaliummangel nicht zuverlässig bestimmen kann, sondern auch, daß man Kalium auf einem unbequemen und gefährlichen Weg ersetzen muß: Alles K⁺ *muß den extracellulären Raum* mit seinen insgesamt nur 70 mval K⁺ passieren (Abb. 4.4) und doch die Tausende von

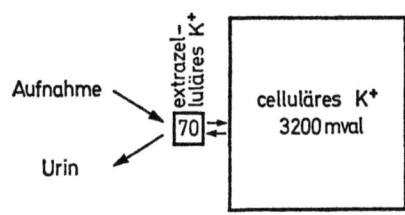

Abb. 4.4. Größenverhältnisse des extracellulären und des cellulären Kaliumreservoirs, vereinfacht dargestellt. Die Erhaltung des Körpervorrates an Kalium hängt nicht nur von dem Gleichgewicht zwischen Urin- und Plasma-K⁺ ab, sondern auch von dem kaliumkonzentrierenden Prozeß in allen Zellen des Körpers. Gewisse Faktoren, die zu K⁺-Schwund aus den Zellen führen (z. B. erniedrigter extracellulärer pH), hemmen gleichzeitig die K⁺-Ausscheidung; sie verhindern so, daß der Körper Kalium in dem gleichen Maß verliert wie die Zellen. Ersatz des Körperkaliums muß über das kleine extracelluläre Reservoir verlaufen, ohne dieses wesentlich zu vergrößern

Milliäquivalent in den Zellen merklich vermehren. Sicherheitshalber muß diese Übertragung so ablaufen, daß das Plasma-K⁺ nicht um mehr als 2 bis 3 Milliäquivalent pro Liter ansteigt. Es leuchtet ein, daß eine „ausgeglichene" Lösung mit 5 Milliäquivalent K⁺ pro Liter für den K⁺-Ersatz fast wertlos ist. Lösungen mit 40 bis 60 Milliäquivalent pro Liter werden mit Erfolg infundiert, dies zeigt, mit welcher Geschwindigkeit die verschiedenen Zellen das Kalium entfernen können, das dem extracellulären Raum im Überschuß zugefügt wird. Für sicherer hält man eine halb so große Konzentration; bei solchen Infusionen wird sorgfältig überwacht, ob die Urinbildung ausreicht.

Übrigens ist Kalium nicht der einzige celluläre Elektrolyt, der aus Begeisterung für „physiologische" Salzlösungen möglicherweise vernachlässigt wird. Während einer Glucoseinfusion oder eines Glucosetoleranztests nimmt *das anorganische Phosphat* im Serum merklich durch celluläre Aufnahme ab. Wenn der Kohlenhydratabbau bei der Behandlung des diabetischen Komas zu der normalen Geschwindigkeit zurückkehrt, wird extracelluläres Phosphat in ähnlichem Umfang entfernt. Auch Magnesiummangel wurde beobachtet bei diabetischer Acidose und bei Patienten, die parenteral mit Infusionen behandelt wurden.

Unsere Nahrung ist reich an Kalium, und man kann es auf diesem Weg auch ausgezeichnet ersetzen, vorausgesetzt, daß er schnell genug erreichbar ist. Der Kaliumersatz wird um so dringlicher, je länger ein Patient parenteral ernährt werden muß.

Hyperkaliämie. Normalerweise scheiden die Nieren jeden Überschuß an K^+ aus, den wir zu uns nehmen, so daß die Gefahr einer Hyperkaliämie auf Injektionen von kaliumhaltigen Lösungen und auf Nierenkrankheiten beschränkt zu sein scheint. Besonders bei akutem Nierenversagen (akute tubuläre Nekrose, distale Tubulusnephrose), das durch intravasculäre Hämolyse oder Quetschverletzungen („Crushsyndrom") entstehen kann, steigt das Serum-K^+ während der anurischen oder oligurischen Phase an, und der Patient hat nur Aussicht durchzukommen, wenn mn den Herzstillstand, den die Hyperkaliämie auszulösen vermag, verhindern kann. Wieder zeigt ein Vergleich des großen cellulären Reservoirs mit dem extracellulären, daß keine besondere zusätzliche K^+-Quelle für diese Hyperkaliämie erforderlich ist (Abb. 4.4). Weil die Prognose auf lange Sicht oft günstig ist, kann die Entfernung des extracellulären K^+ mit der „künstlichen Niere" oder durch Ionenaustauscherharze das Leben retten. Bei der ersten Methode wird arterielles Blut gegen eine anfangs kaliumfreie, künstliche extracelluläre Flüssigkeit dialysiert und dann in eine Vene zurückgeleitet. Im zweiten Fall wird eine polymere Carboxylsäure in granulärer Form als Retentionsklystier appliziert. Kaliumionen tauschen sich gegen die Wasserstoffionen des Harzes aus. Das Harz kann auch als NH_4^+-Salz verwendet werden.

Andere Maßnahmen, den Anstieg des Serum-K^+ zu beschränken, sind: Die Gabe von Glucose, Insulin und Alkali. Sie haben alle zum Ziel, die Erhaltung des Bergauftransportes von K^+ in die Zellen zu stützen.

5. Die Verteilung von Calcium und Phosphat

Wenn Calcium und Phosphat aufeinandertreffen, zeigen sie eine Wechselwirkung, die auch ihre Verteilung beherrscht. Im menschlichen Organismus befinden sich über 99% des Calciums und 83% des Phosphors im Skelet und in den Zähnen; das Verhalten der kleineren, in den Körperflüssigkeiten vorhandenen Anteile läßt sich nur verstehen, wenn man dieses ungeheure Skeletreservoir vor Augen hat.

Dies besagt nicht, daß die wenigen Prozente im übrigen Körper etwa unwichtig sind. Das Calcium unserer extracellulären Flüssigkeiten ist entscheidend wichtig für die Aktivität von Nerven und Muskeln, besonders für die Größe der Herzmuskelkontraktion. Weiter ist Ca^{++} für die Blutgerinnung erforderlich. Der Phosphor außerhalb des Skelets hat noch mannigfaltigere Aufgaben: Das Ausmaß der Wasserstoffionenausscheidung kann durch die Möglichkeit, Phosphor als $H_2PO_4^-$ oder HPO_4^{--} abzugeben, über einen großen Bereich variiert werden; er wirkt in vielen Lebensstrukturen der Zellen und bei dem Abbau und der Synthese zahlreicher Kohlenstoffverbindungen; schließlich dient er dazu, die Energie aus der Oxydation und dem Abbau vieler Substanzen in einer schnell zugänglichen Form zu speichern, in der sogenannten *energiereichen Phosphatbindung*.

Knochenbildung. Dieser Vorgang spielt sich in der Matrix ab, einem Gel, das sich aus einem Netzwerk von Kollagenfasern mit der dazwischen liegenden Kittsubstanz *Chondroitinsulfat* zusammensetzt. Die anorganischen Kristalle werden entlang den Kollagenfasern abgelagert. Um die neugebildeten Knochenbälkchen herum sieht man *Osteoblasten*. Wir sagen war, daß diese Zellen Knochen bilden, aber in Wirklichkeit ist diese Behauptung noch nicht gesichert. Anderen Zellen, morphologisch *Osteoclasten*, begegnen wir dort, wo die Knochenauflösung überwiegt, aber ihr Beitrag dazu ist auch nicht klar.

Knochen besteht aus einem mikrokristallinen Salz, das bei der Röntgenstrukturanalyse ein sehr strenges Beugungsmuster zeigt, welches es mit zahlreichen Mineralien (Hydroxylapatiten) und mit gefälltem Tricalciumphosphat teilt. Trotzdem ist die Zusammensetzung von Knochen nicht konstant; hierin gleicht er wieder den künstlichen Präcipitaten. Offenbar werden durch diese Kristalle verschiedene ionische Gruppen, ohne Änderung von Geometrie und Kristallgitter, aufgenommen und adsorbiert; so enthält Knochen neben Ca und P inkonstante Mengen Carbonat, Fluorid, Citrat, Natrium, Kalium und Magnesium. Daß sich außerdem eine ganze Reihe von Schwermetallen leicht im

Knochen ablagert, stellt uns vor Sicherheitsprobleme in der Toxikologie und der Radiologie.

Knochen wird aus einer Lösung ausgefällt; das Mineral wird, in der extracellulären Flüssigkeit gelöst, dorthin gebracht. Es kommt zweifellos nur dann zu einer Ausfällung von Knochenkristallen, wenn die Konzentrationen der beteiligten Ionen in der unmittelbaren Umgebung bestimmte Werte überschreiten, wie sie durch das Prinzip des Löslichkeitsproduktes festgelegt sind. Die Kristalle können sich auch nur auflösen, wenn die Konzentrationen der beteiligten Ionen unter diese Werte abfallen. Insgesamt verhält sich Knochengewebe bei seiner Bildung und Auflösung so, daß unsere Anschauung gestützt wird, diese Ereignisse seien durch die Konzentrationen der Calcium- und Phosphationen bestimmt, doch sind die genauen Zusammenhänge ihrem Wesen nach alles andere als einfach. Zunächst sollten wir die Frage stellen: Sind unsere extracellulären Flüssigkeiten in bezug auf Knochen genau *gesättigt*, *untersättigt* oder *übersättigt*?

Ionenkonzentrationen. Das Serumcalcium liegt nahe bei 10 mg pro 100 ml oder 2,5 Millimol pro Liter. Seltsam, Ringer fand, daß dies für optimale Aktion des isolierten Froschherzens eine viel zu hohe Konzentration sei. Er wählte statt dessen empirisch einen 1-millimolaren Spiegel als ideal aus. Dennoch war Serum eine völlig befriedigende Umgebung für das Herz. Sorgfältige Untersuchung ergab, daß das Froschherz nur auf den ionisierten Anteil des Calciums reagiert, und daß es sogar gestattet, die Menge, die frei vorliegt, zuverlässig zu messen. Etwa die Hälfte des Serumcalciums ist (chelatartig) an die verschiedenen Serumproteine gebunden, befindet sich aber in einem labilen Gleichgewicht mit der anderen, freien Hälfte. Verschiedene Proteine erreichen mit Ca unterschiedliche Gleichgewichte, die durch die folgenden einfachen Gleichungen beschrieben werden können:

$$\text{Proteinat}^{--} + \text{Ca}^{++} \rightleftarrows \text{Ca-Proteinat};$$

$$\frac{(\text{Ca}^{++})(\text{Prot.}^{--})}{(\text{Ca-Proteinat})} = K.$$

Im allgemeinen steigt das gebundene Calcium in direkter Proportionalität mit dem Serumproteinspiegel an, vorausgesetzt, daß sich die Zusammensetzung der vorhandenen Proteine nicht allzusehr ändert. Verschiedene homöostatische Mechanismen erhalten für das ionisierte Calcium einen konstanten Spiegel von wenig über 1 mM oder 10^{-3} m aufrecht. Die Konzentration an gebundenem Ca ändert sich unterdessen direkt mit der Proteinkonzentration.

Was die Herzaktion und die Knochenbildung betrifft, so ist das ionisierte Calcium zugleich auch das funktionelle; dies ist der Anteil des Calciums, der diagnostisch Bedeutung besitzt und den wir vorzugsweise bestimmen sollten. Leider gibt es keine einfache Methode dafür. Sobald wir dem Serum Ammoniumoxalat zufügen, fällen wir nicht nur das freie Calciumion, sondern wir veranlassen auch das Calciumproteinat zur Dissoziation, bis praktisch das gesamte Calcium ausgefällt ist. Das liegt daran, daß der Komplex mit dem Oxalat viel stabiler ist als der mit den Serumproteinen, so daß alles Calcium in das Oxalat eingeht oder bei Citratzugabe in den löslichen Calciumcitrat-Komplex.

Entsprechend kann ein Serumcalciumspiegel tatsächlich nur dann genau gedeutet werden, wenn wir auch die Serumproteinkonzentration kennen. Dieses Prinzip wird häufig nicht beachtet, die Folge kann aber nur ein Verlust an exakter Beurteilung sein. Angenommen, der Serumproteinspiegel eines Patienten betrüge nur die Hälfte des normalen, bei normalen Proportionen zwischen den verschiedenen Proteinen. Bei diesem Patienten dürfte nur die Hälfte des üblichen gebundenen Calciums zu finden sein; folglich ist *für diesen Patienten* ein Serumspiegel von 7,5 mg-% *normal*. Bei einem solchen Patienten könnte ein Serumcalcium von 10 mg-% einen eindeutigen Hinweis auf eine Erkrankung der Epithelkörperchen abgeben! Auch hier muß ein Analysenergebnis durch Zurückgreifen auf ein ganz anderes Resultat korrigiert werden, damit man zu einer sicheren Deutung gelangt, wie schon in Kapitel 1 erwähnt wurde.

Es muß betont werden, daß die Kompliziertheit, die durch die Proteinbindung entsteht, eher einen analytischen als einen biologischen Grund hat (d. h. es ist kompliziert, die Information zu erhalten, die wir wirklich brauchen, das *ionisierte* Calcium). Wird das Plasmaalbumin durch Infusion vermehrt, dann binden wir kurzfristig etwas ionisiertes Calcium, dieses wird jedoch unter den homöostatischen Einflüssen, die die Calciumionenkonzentration konstant erhalten, aus den Reservoirs schnell ergänzt, so daß der Calciumstoffwechsel normal weitergeht. Stellen Sie sich — als Vergleich dazu — vor, am Rande eines schnell fließenden Stromes öffne sich plötzlich eine Bucht. Augenblicklich würde die Flut abgelenkt, doch nach einigen Stunden hätte die Bucht, jetzt aufgefüllt, keinen Einfluß mehr auf die Strömung. Ähnlichen Verhältnissen begegnet man häufig, wenn gebundene Formen von Lösungsbestandteilen im Blutstrom vorhanden sind, zum Beispiel Thyroxin, das an ein spezifisches Plasmaglobulin gebunden ist.

Wenden wir uns dem anorganischen Phosphat zu. Die Konzentration im Serum des Erwachsenen beträgt im Durchschnitt etwa 3 mg pro 100 ml, beim Kind kann sie doppelt so hoch sein. Der Wert beim Erwachsenen entspricht etwa 1 Millimol pro Liter. Bei pH 7,4, 0,6-pH-Einheiten oberhalb des *pK*, ist

$$\log \frac{[HPO_4^{--}]}{[H_2PO_4^{-}]} = 0,6$$

und daher

$$\frac{[HPO_4^{--}]}{[H_2PO_4^{-}]} = 4.$$

Folglich macht das sekundäre Ion, HPO_4^{--}, etwa 80% des Plasmaphosphates aus, das primäre Ion, $H_2PO_4^{-}$, etwa 20%.

Knochen enthält jedoch *keines* dieser beiden Ionen, statt dessen erscheint der PO_4^{---}-Rest im Präcipitat. Für die Wiedergabe des Gleichgewichtes spielt es jedoch keine Rolle, ob wir schreiben:

$$\begin{cases} 2\,HPO_4^{---} \to 2\,PO_4^{---} + 2\,H^+ \\ 3\,Ca^{++} + 2\,PO_4^{---} \to Ca_3(PO_4)_2 \end{cases}$$

oder

$$3\,Ca^{++} + 2\,HPO_4^{--} \to Ca_3(PO_4)_2 + 2\,H^+.$$

Entsprechend ändert die intermediäre Bildung von $CaHPO_4$, zum Beispiel, das Gesamtgleichgewicht nicht, wenn diese Verbindung in Gegenwart der extracellulären Flüssigkeit in tertiäres Calciumphosphat übergeht. Die Serumkonzentration an tertiärem Phosphat kann aus dem pK_3' von $H_3PO_4 = 11{,}8$ berechnet werden; bei pH 7,4 findet man als Konzentration für dieses Ion etwa 10^{-7} m.

Das Löslichkeitsprodukt. AgCl kann aus einer Lösung mit Silber- und Chloridionen nur dann ausfallen, wenn das Produkt aus den molaren Konzentrationen der beiden Ionen einen Wert von 10^{-10} überschreitet. Ist

$$[Ag^+] \cdot [Cl^-] = 10^{-8},$$

dann ist die Lösung in bezug auf AgCl übersättigt, und es besteht so lange die Tendenz zur Präcipitation, bis das Ionenprodukt auf 10^{-10} erniedrigt ist. Übersättigung kommt in biologischen Lösungen gar nicht selten vor; Urin und Galle sind an bestimmten Bestandteilen regelmäßig übersättigt.

Wir nehmen an, daß $Ca_3(PO_4)_2$ für die Knochenbildung von grundlegender Wichtigkeit ist und können aus den oben gegebenen Konzentrationen von Ca^{++} und PO_4^{---} das entsprechende Ionenprodukt berechnen:

$$(Ca^{++})^3 \cdot (PO_4^{---})^2 = (10^{-3})^3 \cdot (10^{-7})^2 = 10^{-23}.$$

Dies ist in Annäherung das Ionenprodukt für unser Serum. Nun müssen wir sehen, wie es sich zu dem Ionenprodukt verhält, das der Sättigung entspricht. Bemühungen, das Ionenprodukt in einer Lösung zu bestimmen, die mit $Ca_3(PO_4)_2$ gesättigt ist, haben zu wesentlich kleineren Werten geführt, zum Beispiel $10^{-26,4}$. Dieses Ergebnis legt nahe, daß das Serum in bezug auf Tricalciumphosphat übersättigt ist, d. h. das Serum enthält von beiden Ionen etwa dreimal soviel, wie bei Sättigung zu erwarten wäre. Die genannte Bestimmung wird dadurch kompliziert, daß sich die Präcipitatphase leicht in ihrer Zusammensetzung ändert (indem sie verschiedene Ionen ihres Gitters austauscht), wenn sie mit einer Salzlösung in Berührung kommt; deshalb besteht erhebliche Unsicherheit darüber, welchen Wert das Löslichkeitsprodukt im Gleichgewicht wirklich hat. War die feste Phase null, dann erhielt man durch Extrapolation den Wert: $K_{Lp} = 10^{-23,5}$, die Gültigkeit dieses Verfahrens ist jedoch unsicher. Vergleich des Produktes $(Ca^{++}) \cdot (HPO_4^{--})$ mit dem Löslichkeitsprodukt, das für $CaHPO_4$ gefunden wurde, legt nahe, daß unser Plasma auch daran übersättigt ist.

Abb. 5.1 zeigt, wie der pH den Phosphatspiegel, der in einer künstlichen Lösung mit 0,5 mMol/l Ca^{++} für die Calcifikation rachitischen Knorpels erforderlich ist, modifiziert. Die Menge gesamtes organisches Phosphat, die notwendig ist, um eine Grenzkonzentration des kritischen Ions zu gewähren, sei es nun HPO_4^{--} oder PO_4^{---}, wird durch eine Erhöhung des pH immer kleiner, weil dann $H_2PO_4^-$ in HPO_4^{--} und

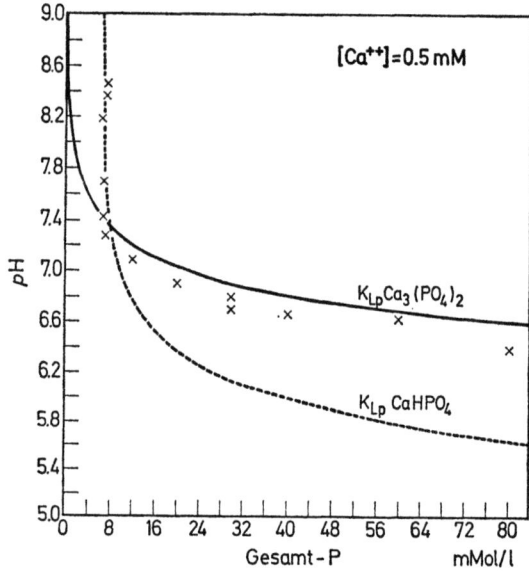

Abb. 5.1. Die „Grenzen der biologischen Löslichkeit" für Knochen. Die Kreuze entsprechen jeweils der minimalen Konzentration anorganischen Phosphates, die erforderlich ist, wenn es bei einer Calciumionenkonzentration von 0,5 mM in rachitischem Knorpel zu einer Calcifikation kommen soll. Die obere Kurve zeigt, wieviel P voraussichtlich erforderlich wäre, wenn K_{Lp} für $Ca_3(PO_4)_2$ $10^{-23,1}$ ist. Die untere Kurve zeigt, welche Beziehung man zu erwarten hätte, wäre Bildung von $CaHPO_4$ der einzige Vorgang, der die Löslichkeit entscheidend bestimmt. (Nach F. C. McLean: Metabolic Aspects of Convalescence. Transactions of the 14th Macy Conference [1946], S. 33)

dieses wieder in PO_4^{---} umgewandelt wird. Die durchgezogene Linie in Abb. 5.1 zeigt, daß die erforderliche Gesamtkonzentration an Phosphor mit einer Änderung des pH *sehr schnell* abnehmen müßte, wäre PO_4^{---} das beteiligte Ion. (Die wirkliche *Lage* dieser Linie, wie sie in Abb. 5.1 dargestellt ist, ist noch fraglich.) Die unterbrochene Linie zeigt, daß eine *langsamere Änderung* des Phosphorgesamtbedarfs in Abhängigkeit des pH zu erwarten wäre, wäre HPO_4^{--} das kritische Ion. Die Punkte deuten einen tatsächlichen Kurvenverlauf an, der zum $Ca_3(PO_4)_2$-Bedarf in engerer Beziehung steht, bis auf den Bereich oberhalb von pH 7,6; die dort für die Calcifikation erforderliche Phosphorkonzentration ist unerklärlich, es sei denn wir räumen $CaHPO_4$ in diesem Bereich eine vorherrschende Stellung ein. Daß es in diese Stellung rückt, ist nicht wahrscheinlich, weil $CaHPO_4$ nur bei sehr niedrigen pH-Werten stabil ist, *nicht bei hohen*. Selbst wenn $CaHPO_4$ vorübergehend Intermediärprodukt wäre, ließe der anschließende Austausch seines H^+ gegen Calciumionen der Umgebung eine pH-Abhängigkeit erwarten ähnlich der in der durchgezogenen Linie von Abb. 5.1.

Diese Situation ist nicht so undurchsichtig, wie sie erscheinen mag. Nur dann werden die experimentell gefundenen Punkte genau mit dem jeweiligen Löslichkeitsprodukt von Tricalciumphosphat z. B. übereinstimmen, wenn die Ionenkonzentrationen in Suspensionslösung oder Plasma mit den Ionenkonzentrationen am eigentlichen Kristallisationsort im Knorpel identisch sind. Folgende Möglichkeiten wären zu erwägen:

1. Vielleicht besteht ein pH-Gradient zwischen dem Calcifikationsort und dem Hauptteil der extracellulären Flüssigkeit. Zum Beispiel könnte ein pH von 6,8 am Calcifikationsort erklären, warum bei einem Ca- und P-Plasmaspiegel, der offenbar einer Übersättigung entspricht, Knochen aufgelöst werden kann. Glycolyse könnte einen pH-Gradienten erzeugen (Norden). Soll das Löslichkeitsprodukt von $CaHPO_4$ die Calcifikation bestimmen, dann müssen wir wohl annehmen, daß der anschließende Austausch von Wasserstoffionen gegen Calcium ohne Beziehung zur Wasserstoffionenkonzentration der extracellulären Flüssigkeit abläuft, daß also H^+ sezerniert wird.

2. Vielleicht wird ein Gradient für anorganisches Phosphat durch celluläre Aktivität aufrechterhalten. Osteoblasten phosphorylieren, wie so viele Zellen, Glykogen, um Glucosephosphate zu erhalten, die wiederum durch Phosphatasewirkung anorganisches Phosphat abgeben können. Diese Zellen sind sehr reich an alkalischer Phosphatase. Ferner unterbricht die Zugabe eines Phosphorylasehemmstoffs die Calcifikation von Knorpelstücken. Diese Reaktionsfolge beginnt und endet mit anorganischem Phosphat und dient deshalb offensichtlich nicht dazu, Phosphat in irgendeiner Richtung zu konzentrieren. Sollte dies geschehen, müßte Phosphor aus einem Raum entnommen und in einen anderen freigesetzt werden. Die alte Vorstellung, Phosphor würde in die Calcifikationszone hineingepumpt, wird umgekehrt zur Erklärung der Decalcifikation herangezogen. Rhythmische Aufnahme und Abgabe von Phosphat wäre von zweifelhafter Wirkung, da die *mittlere* Phosphatkonzentration bestimmen dürfte, ob es überwiegend zu Calcifikation oder zu Decalcifikation kommt.

3. Vielleicht gibt es eine Nettobewegung von Citrat (oder einem anderen Chelatbildner) von der Calcifikationszone weg. Kohlenstoffverbindungen könnten zu den Osteoblasten *hin* als Glucose oder Pyruvat und von den Osteoblasten *weg* als Citrat wandern, wobei das letzte gebundenes Calcium mitschleppen könnte, das auf das Löslichkeitsprodukt keinen Einfluß hätte. Das überschüssige Citrat könnte dann irgendwo anders, beispielsweise in der Niere, abgebaut werden. Neuman konnte zeigen, daß Blut, was die Spongiosa verläßt, reicher an Citrat ist als ankommendes, und daß diese Differenz noch größer wird, wenn man arteriell Parathormon zuführt. Deshalb wurde die Hypothese aufgestellt, das Hormon wirke durch Erhöhung der Citratfreisetzung.

Zwei weitere, vielleicht eng miteinander zusammenhängende Lokaleffekte, die vorgeschlagen wurden, sind ihrer Natur nach nicht „konzentrativ": Eine chelatartige Bindung von Calcium durch das Chondroitinsulfat der Grundsubstanz und die unbemerkte Vorbereitung von *Kernen* für den Anfang der Kristallisation.

Weil es hinreichend klar ist, daß die Calcifikation (oder mindestens die Decalcifikation) von der Konzentration der beteiligten Ionen abhängig ist, wenn auch Lokaleffekte dies etwas überlagern, können wir die diagnostischen Serumanalysen in diesem Sinne deuten:

a) Faktoren, die den Ca^{++}- oder PO_4^{---}-Spiegel (oder HPO_4^{--}?) erniedrigen, sind geeignet, Bindungen aufzulösen. Dazu gehört aus einleuchtendem Grund die Acidose.

b) Erhöhung eines niedrigen Serum-Ca oder -P *hilft* mangelhafte Knochenbildung zu bessern.

c) Erhöhung des Serumphosphatspiegels *hilft* das Serumcalcium zu erniedrigen; Erhöhung des Serumcalciums *hilft* das Serumphosphat zu erniedrigen. Genaue Konstanz des Ionenproduktes dürfen wir nicht erwarten, wenn wir wissen, daß eine Tendenz zur Übersättigung normal ist.

Wirkung des Parathormons. Epithelkörperchenextrakt scheint zwei unterscheidbare Wirkungen zu haben, obwohl man mit Recht bezweifeln sollte, daß ein Hormon zwei *nicht verwandte* Effekte hervorbringen kann. Tatsächlich weisen einige Anzeichen darauf hin, daß es sich um zwei Hormone handelt. Erstens führt die Gabe des Extraktes zu Knochenauflösung und dadurch zu Erhöhung des Serumcalciums. Zweitens hemmt er die Phosphatresorption in den Nierentubuli, verursacht so Phosphatdiurese und erniedrigt wahrscheinlich auch die renale Ca-Clearance. Viel erörtert wurde die Möglichkeit, daß der erste Effekt ausschließlich durch den zweiten bedingt sei, doch dies scheint jetzt weitgehend ausgeschlossen zu sein, weil das Hormon bei nephrektomierten Tieren das Serumcalcium erhöhen und die histologischen Erscheinungen der Knochenauflösung hervorrufen kann. Ferner veranlaßt transplantiertes Parathyreoidea-Gewebe die Resorption benachbarten Knochens, was andere Gewebe nicht bewirken. Schließlich sorgt Zugabe des Hormons für eine Entkalkung von Knorpelstücken bei Ca- und P-Spiegeln, die sonst eine Kalkeinlagerung hervorrufen würden.

Weder die Hypercalcämie noch die Hypophosphatämie treten bei primärem Hyperparathyreoidismus so deutlich hervor, daß ihre Bestimmung die eindeutige Aufklärung der Krankheit ermöglicht. Eine erhöhte Phosphat-Clearance ist als diagnostischer Befund wahrscheinlich zuverlässiger (Kyle).

Die Abgabe von Parathormon scheint durch den Plasmaspiegel an freien Calciumionen gesteuert zu werden; jeder Faktor, der diesen Spiegel erniedrigt, trägt zu gesteigerter Drüsenaktivität bei. Anhaltende Hypocalcämie ruft eine Hyperplasie der Epithelkörperchen hervor, die als *sekundärer Hyperparathyreoidismus* bezeichnet wird.

Schilddrüsenerkrankungen sind auch durch negative Calciumbilanz gekennzeichnet, und es kann dabei Fälle geben, in denen die Osteomalazie sich röntgenologisch nicht von der bei Hyperparathyreoidismus unterscheiden läßt.

Vitamin D und Dihydrotachysterol. Enthält man Tieren Vitamin D vor, dann zeigen Sie einen erhöhten Calciumverlust in den Stuhl und mangelhafte Knochenbildung. Man glaubt, daß die Wirkung des Vitamins überwiegend auf einer Steigerung der Ca-Resorption aus dem Darm beruht, die besonders groß ist, wenn die Calciumresorption durch hohe Phosphataufnahme behindert ist. (Warum dürfte diese die Calciumresorption stören?) Für eine Wirkung von Vitamin D am Calcifikationsort bestehen ebenfalls deutliche Hinweise. Eine vereinheitlichende Erklärung aufzustellen (zum Beispiel allgemeine Wirkung auf den Calciumtransport, vielleicht eine spezifische Wirkung auf die Citratbildung oder -oxydation), mag noch etwas vorgegriffen sein.

Bei sehr hohen Dosen von Vitamin D kommt es zu Knochenzerstörung, und der Serumcitratspiegel steigt an. Gleichzeitig entwickeln sich metastatische Kalkherde in den Weichteilen (Calcinose), besonders in der Niere. Interessanterweise wird Citrat im Nierengewebe mit besonderer Aktivität abgebaut. Calcinose führte häufig zu Urämie. Diese Folge einer Vitamin-D-Überdosierung spricht ebenfalls für eine Stoffwechselwirkung, die nicht auf die Darmwand beschränkt ist.

Bei besonders intensiver Bestrahlung von Ergosterin entsteht Dihydrotachysterin (AT-10), ein naher Verwandter von Vitamin D, das eine sehr kräftige, aber kurze osteolytische und eine ausgesprochen phosphaturische Wirkung hat. Nach Epithelkörperchenoperationen hat es sich zur Besserung hypocalcämischer Zustände bewährt und wird allgemein zur Behandlung des chronischen Hypoparathyreoidismus verwandt.

Schätzung des Calciumbedarfes. Ein erwachsener Amerikaner, der pro Tag 1 Gramm Calcium aufnimmt, scheidet dieselbe Menge wieder aus, ein Drittel im Urin, zwei Drittel im Stuhl. Wird seine Aufnahme auf 0,5 g pro Tag beschnitten, dann kann seine Ausscheidung weiterhin vielleicht noch 0,7 g pro Tag betragen; er hat folglich eine negative Calciumbilanz. Wird die Aufnahme wieder auf 0,8 g pro Tag erhöht, dann steigt die Ausscheidung auf vielleicht 0,9 g. Damit ein Calciumgleichgewicht erreicht wird, muß die Aufnahme auf etwa 1 g täglich erhöht werden. Aufgrund solcher Beobachtungen wurde ein Tagesbedarf von 1 g empfohlen, eine Menge, an die man gar nicht so leicht kommt, wenn man keine Milch trinkt, und die so groß ist, daß sich die meisten Erdenbürger das gar nicht leisten können. Wenn die Ernährungsfachleute wirklich der Meinung sind, daß soviel Calcium gebraucht wird, sollten sie empfehlen, die Nahrungsmittel mit Calciumsalzen anzureichern.

Hier wurde vorausgesetzt, daß der Organismus auf seinem status quo gehalten werden muß. Diese Vorstellung scheint durch Beobachtungen von Hegsted et al. an peruanischen Versuchspersonen, die lange Zeit wesentlich weniger Calcium aufgenommen hatten, untergraben zu werden. Wurde ihre Calciumaufnahme auf 0,4 g pro Tag festgesetzt, dann betrug die Ausscheidung 0,4 g. Bei Erniedrigung der Aufnahme auf 0,3 g pro Tag resultierte eine Abgabe von 0,3 g pro Tag; die Calciumbilanz war immer noch ausgeglichen.

Abbildung 5.2 zeigt einen Erklärungsvorschlag. Personen mit einer hohen Calciumaufnahme haben offenbar labile Calciumdepots gebildet,

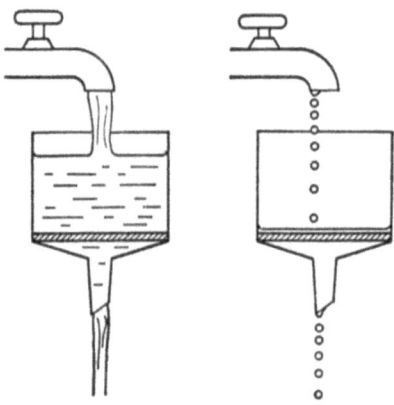

Abb. 5.2. Zur Erläuterung, warum eine Person mit einer ständig hohen Calciumaufnahme unter Umständen mehr Calcium mit der Nahrung zugeführt bekommen muß, um im Calciumgleichgewicht zu bleiben, als eine, deren Zufuhr ständig niedrig lag. Labile Calciumdepots von fraglichem biologischem Wert (linkes Bild, das Wasser über dem Sieb) können für ihre Erhaltung eine hohe Calciumaufnahme erfordern. (Nach Hegsted et al.)

die nur so lange erhalten bleiben, wie die hohe Calciumaufnahme fortbesteht. Nach Abb. 5.2 hängt die Größe des Wasserstromes, die einen gegebenen Spiegel über dem Sieb erhalten kann, ausschließlich davon ab, welchen Spiegel zu halten wir beschlossen haben. Es gibt keinen klaren Beweis, daß maximale Calciumablagerung biologisch vorteilhaft ist. Wäre der Aspekt der Verteilung berücksichtigt worden, dann hätte sich dieses Verhalten a priori voraussagen lassen. Die Prämisse, ein Gleichgewicht zwischen Aufnahme und Abgabe sollte beim Erwachsenen immer erhalten bleiben, ganz unabhängig von der Ausgangssituation, besitzt keine zwingende Gültigkeit.

Malabsorptions-Syndrome, bei denen gewöhnlich auch das Symptom der Steatorrhoe vorkommt, führen zu ungenügender Calciumresorp-

Tabelle 5.1. *Rachitis oder Osteomalazie in Verbindung mit Defekten der Tubulusfunktion (und manchmal mit anderen Stoffwechseldefekten).*

(Nach C. E. Dent: J. Bone Joint Surg. 34B, 266 [1952])

Typ	Tubulärer Rückresorptionsdefekt	Tubulärer Funktionsausfall	In der Literatur verwendete Bezeichnungen zur Beschreibung dieser Syndrome
1	Phosphat		Resistente (oder refraktäre) Rachitis, spät einsetzende Rachitis, Vitamin D-Resistenz (RRD), idiopathische hypophosphatämische Rachitis, idiopathische Osteomalazie, Milkman-Syndrom
2	Phosphat, Glucose		
3	Phosphat, Glucose, Aminosäuren, Wasser [a]	Urinsäuerung	Fanconi-Syndrom, Debre-de Toni-Fanconi-Syndrom, Lignacsche Krankheit, Cystin-Rachitis, Cystinose, Rachitis mit Cystinurie, Amindiabetes, diabetes aminicus et acidaminicus, „renale Rachitis" (?), hepatische Rachitis, hypophosphatämische, glykosurische Rachitis
4	Phosphat, Glucose, Aminosäuren, Wasser [a], Kalium [a]	Urinsäuerung	
5	Phosphat, Kalium [a]	Urinsäuerung, Ammoniumbildung	Neprocalcinose mit renaler Rachitis und Zwergwuchs, hypochlorämische Nephrocalcinose, Butler-Albright-Syndrom, tubuläre Acidose
6	Phosphat, Kalium [a]		

[a] Defekt tritt nicht immer deutlich hervor.

tion, vielleicht weil Calcium mit den Fettsäuren unlösliche Seifen bildet, die es für die Resorption unzugänglich machen. Um dabei das Calciumgleichgewicht zu sichern, kann es nötig werden, die Aufnahme von Calcium und Vitamin D zu erhöhen. Die Calciumresorption verhält sich außerdem zu dem pH, der im Darmlumen herrscht, ungefähr reziprok.

Neugeborenentetanie. Dieses schwierige Problem soll ebenfalls dazu dienen, die Wechselwirkungen zwischen Calcium und Phosphat zu erläutern. Vor einigen Jahren beobachtete man, daß Säuglinge, die nach bestimmten Ernährungsprogrammen mit Trockenmilch aufgezogen wurden, oft tetanische Zustände bekamen. Diese Zubereitungen enthielten im Verhältnis zu ihrem Calciumgehalt übertriebene Mengen Phosphat. Geht man von Kuhmilch aus, dann enthält diese bereits relativ mehr Phosphat, doch man hatte außerdem noch Phosphorsäure zugesetzt, um feine Gerinnung zu erzielen. Beim Erwachsenen hätte ein so hoher Phosphatgehalt nur die Calciumresorption gehemmt, beim Säugling dagegen verursachte er *Hyperphosphatämie*, die den Calciumspiegel des Serums erniedrigte und zur *Tetanie* führte. Daraufhin wurde zunächst der Calciumgehalt der Nahrungsform erhöht und damit die übermäßige Phosphatresorption verhindert (Gardner).

Tubuläre Syndrome. In Tabelle 5.1 ist eine Reihe beispielhafter Minderleistungen der Nierentubuli zusammengefaßt, soweit sie den Calcium- und Phosphorstoffwechsel beeinflussen. Als allen gemeinsam wird der Phosphatverlust beschrieben; oft ist auch die Fähigkeit begrenzt, das Wasserstoffion durch den einen oder beide prinzipiellen Mechanismen (Kapitel 9) auszuscheiden, wobei am häufigsten die Möglichkeit eingeschränkt ist, Wasserstoffionen des Plasmas unter Austausch gegen Na^+-Kationen im Urin zu konzentrieren. Bei einem Typ ist auch die Ammoniumionenbildung in der Anlage defekt. Glucose und Aminosäuren können auch verloren werden, was aber vermutlich keine größeren Konsequenzen hat. Mangelhafte Mineralisation mit kindlichen Wachstumsstörungen und pathologische Frakturen sind die Folge. Wahrscheinlich verursacht die chronische Acidose dieses schwere Zustandsbild, weil sie die Form des anorganischen Phosphates, die in den Knochen eingebaut werden kann, anteilmäßig vermindert. Aufgrund der reziproken Beziehung zwischen der H^+- und der Alkalimetallausscheidung kann es auch zu unangenehmen Na^+- und K^+-Verlusten kommen.

Die Entgleisung des Calciumstoffwechsels im urämischen Stadium der Nephritis ist unterschiedlicher Natur, obwohl im allgemeinen eine Acidose beteiligt ist. Phosphatretention erhöht dabei den Serumphosphatspiegel manchmal bis auf 20 mg-%, wodurch die Konzentration ionisierten (und deshalb natürlich auch des nichtionisierten) Serumcalciums herabgedrückt wird. Als Folge des Reizes, den die Hypocalcämie auf die Epithelkörperchen ausübt, kann es zu sekundärem Hyperparathyreoidismus kommen.

6. Gastransport

Form des Transportes. Wenn ein Gas mit einer Lösung ins Gleichgewicht gebracht wird, geht eine bestimmte Zahl Gasmoleküle in Lösung; diese nimmt mit der Zahl der Moleküle pro Volumeneinheit Gasphase, d. h. mit dem Gasdruck, zu. Wie früher besprochen, können wir logischerweise sagen, daß das Gas dann bei diesem gegebenen Druck *in Lösung* ist, ob die Gasphase als solche nun gegenwärtig bleibt oder nicht.

Sauerstoff wird über die Lungen und den Blutstrom zu unseren Zellen transportiert, denn seinen Weg entlang besteht ein *Sauerstoff-Druckgefälle*, wie in Abb. 6.1 dargestellt. Sauerstoff wird normaler-

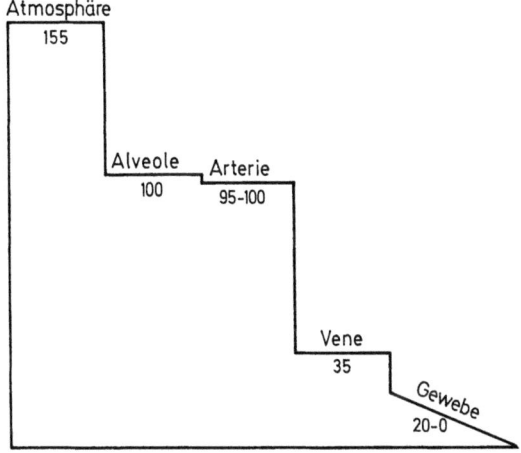

Abb. 6.1. Die Sauerstoff-Druckgradienten werden für den Sauerstofftransport ausgenutzt. Die Zahlen geben den ungefähren Sauerstoffdruck jeweils in Millimetern Quecksilber wieder

weise nicht gegen einen Gradienten gepumpt; bei der Schwimmblase von Tiefseefischen ist dies dagegen notwendig. Unsere Gewebe benötigen Sauerstoff nur in sehr niedrigem Druck (der nicht genau bekannt ist), damit die Wasserstoffatome aus unseren Nahrungsstoffen in H_2O überführt werden können. Der atmosphärische Sauerstoffdruck von 155 mm kann zum größten Teil vergeudet werden, es bleibt dann immer noch ein ausreichender Druck übrig, der diese Reaktionen unterhält.

Zunächst wird der Sauerstoff der atmosphärischen Luft in den Lungenalveolen durch ausgeschiedenes CO_2, Wasserdampf und durch den Sauerstoffschwund verdünnt. Die normalen Membranen sind dünn und die Oberfläche ist groß, so daß der Durchtritt durch die Alveolarmembran in das Blut zwar unter weiterem, aber geringem Druckabfall erfolgt. Der P_{O_2} des arteriellen Blutes sei 100 mm, die gelöste Menge erhält man, wie früher dargestellt, mit Hilfe des Absorptionskoeffizienten, $\alpha = 0{,}024$ ml O_2, gelöst in 1 ml Blut bei $P_{O_2} = 1$ atm. Bei einem Druck von 100/760 atm. ist die Menge $100/760 \times 0{,}024 \times 1000 = 3{,}2$ ml O_2 in einem Liter.

Nun ist der P_{O_2} des gemischten venösen Blutes, das zum Herzen zurückkehrt in Ruhe etwa 35 mm, was einer Konzentration von $35/760 \times 0{,}024 \times 1000 = 1{,}1$ ml O_2 pro Liter entspricht. Die arteriovenöse Differenz beträgt 2,1 ml O_2; so viel Sauerstoff schwindet im Mittel *aus physikalischer Lösung,* wenn ein Liter Blut die Kapillaren durchläuft.

In Wirklichkeit nutzen wir in Ruhe annähernd 300 l Sauerstoff pro Tag oder 250 ml pro Minute. Wenn ein Liter Blut nur 2,1 ml abgeben kann, müßten 250/2,1 oder über 100 l Blut pro Minute das Herz verlassen. Dies ist etwa das 25fache der tatsächlichen Förderleistung des Herzens.

Aus dieser Berechnung lernen wir, daß der größte Teil des Sauerstoffs *nicht* in physikalischer Lösung transportiert wird. Eine ähnliche Berechnung ist auch für den CO_2-Transport möglich unter Verwendung der Werte 40 beziehungsweise 46 für den P_{CO_2} des arteriellen und des gemischten venösen Blutes. In diesem Fall berechnen wir für die gelösten Mengen 29,0 und 33,3 ml pro Liter. Die Differenz von 4,3 ml CO_2 pro Liter Blut ist viel zu klein, als daß sie Rechenschaft über die wirkliche Menge CO_2, die von einem Liter Blut freigesetzt wird, ablegen könnte.

In beiden Fällen ist klar, daß die Gase überwiegend in veränderter Form transportiert werden.

Hämoglobin und Sauerstoff. Hämoglobin ist ein Protein mit einem Molekulargewicht von etwa 66 800, es enthält vier *Häm*gruppen (s. Abb. 6.6). Als man früher noch für das Hämoglobin ein Molekulargewicht von etwa 16 700 oder einem Vielfachen davon annahm, wählte man das Symbol Hb für 16 700 g Hämoglobin, der Menge, die ein Mol O_2 zu binden vermag (jetzt nachgeschätzt: 16 520 g). Folgen wir dieser Terminologie, dann müssen wir logischerweise das ganze Hämoglobinmolekül als Hb_4 wiedergeben. Häm ist ein Eisenporphyrin, in dem sich das Eisen im Ferrozustand befindet. Gerät das Eisen in die Ferriform, dann wird Häm zu *Hämatin* und Hämoglobin zu *Methämoglobin* (oder Hämiglobin) und verliert seine Funktion beim Sauerstofftransport. Enzymsysteme des Erythrocyten haben die Aufgabe, Methämoglobin in die Hämoglobinform zurückzuverwandeln; Stoffe, die diese Enzymsysteme vergiften, können ebenso wie oxydierende Substanzen eine Methämoglobinämie hervorrufen. Bei angeborener Methämoglobinämie scheint eine Flavoproteinreduktase, die für die Reduktion von Methämoglobin durch reduziertes Nicotinamid-adenin-dinucleotid erforderlich ist, in ungenügenden Mengen vorhanden zu sein (Gibson). Von dem roten Blutfarbstoff können bei dieser Krankheit 10 bis 45 % als Methämoglobin vorliegen.

Der Hämoglobingehalt von Blut wird gewöhnlich in Grammen des Proteins pro 100 ml Blut angegeben. Einhundert Gramm rote Blutkörperchen enthalten die erstaunliche Menge von 30 g Hämoglobin, was 33 g pro 100 ml roter Blutkörperchen entspricht. Dieser letzte Wert für die *„mittlere korpuskuläre Hämoglobinkonzentration"* ist bei Krankheiten natürlich Veränderungen unterworfen. Gehen wir von einem mittleren Hämatokrit von 46 aus, dann enthalten 100 ml Blut 46 ml oder 50 g rote Blutkörperchen und folglich 15 *Gramm* Hämoglobin. Wir sagen oft knapp und deutlich, „der Patient hat 15 g Hämoglobin", obwohl wir natürlich 15 *Gramm pro hundert* oder einfach 15 % Hämoglobin in seinem Blut meinen. Die letzte Form der Angabe könnte allerdings mißverstanden werden, als stellte sie den mehrdeutigen und fragwürdigen *Prozentsatz vom Hämoglobinnormalwert* dar.

Zum Vergleich wollen wir auch sehen, wie sich diese Konzentration in Millimol Hb pro Liter ausdrücken läßt. Da ein Mol Hb 16 500 g entspricht, sind 16,5 g ein Millimol. 15,0 g pro 100 ml sind folglich gleich $15,0/16,5 = 0,9$ Millimol pro 100 ml oder 9 Millimol pro Liter. Entsprechend können wir die normale Sauerstoffkapazität des Hämoglobins als 9 Millimol pro Liter Blut wiedergeben. In Volumenprozenten ausgedrückt ist dies $9 \cdot 22,4 : 10$ oder 20 Vol.-%. Das bedeutet, Hämoglobin ermöglicht, daß normales Blut bei Sättigung ein Fünftel seines Volumens an Sauerstoffgas aufgenommen hat.

Wenn O_2 nach Passage der Alveolarmembran sich im Blut löst, kollidieren die Moleküle bei ihrer Wärmebewegung mit reduzierten Hämoglobinmolekülen und verbinden sich mit ihnen. Das Produkt hat jedoch eine Neigung, wieder zu zerfallen. Wenn wir dieses Verhalten beschreiben wollen, können wir nur zeigen, wie groß der Sauerstoffdruck sein muß, um einen bestimmten Grad der Beladung oder Sättigung des Hämoglobins zu erzeugen (Abb. 6.2). Das Ergebnis ist eine sehr eigentümliche Kurve, die keinem einfachen mathematischen Zusammenhang entspricht. Zunächst steigt die Aufnahme langsam mit dem Sauerstoffdruck an, dann schneller und schließlich wieder langsamer. Diese eigentümlich gekrümmte Kurve gab Anlaß zu der Bezeichnung *„die krumme Chemie des Hämoglobins"*.

Als mathematische Beziehung würde man bei Anwendung des Massenwirkungsgesetzes auf die einfache Reaktion

$$Hb + O_2 \rightleftarrows HbO_2$$

eine rechtwinklige Hyperbel erwarten, wie man sie links in der Abb. 6.2 sieht. Dies ist tatsächlich die Kurvengestalt, die Myoglobin liefert. Myoglobin hat pro Molekül nur ein Häm; deshalb können wir annehmen, daß der krumme Verlauf bei Hämoglobin auf Wechselwirkungen zwischen den vier Hämen zurückgeht, die hier in einem Molekül zusammenliegen. Pauling u. Coryell ist es gelungen, diese

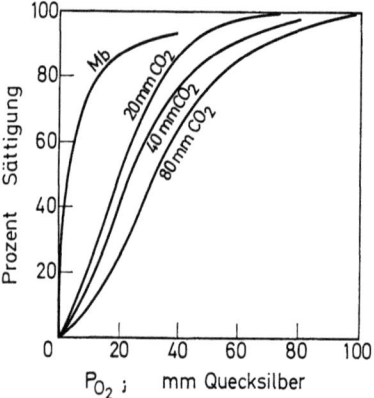

Abb. 6.2. O_2-Absorptionskurven für Blut. Bei den drei Kurven rechts handelt es sich um die Absorptionskurven für Blut bei drei verschiedenen Kohlendioxyd-Druckwerten. Die Myoglobinkurve (links) ist eine rechtwinklige Hyperbel

Wechselwirkungen zu beschreiben und für die gekrümmte Kurve eine Deutung zu finden. Aber das Bild von Hämoglobin, wie man es durch Röntgenbeugung erhalten hat (Abb. 6.3), bietet kaum eine Grundlage dafür, Wechselwirkungen zwischen den Hämen anzunehmen, da man erkennen kann, daß sie recht isoliert voneinander sind.

Diese Sauerstoffabsorptionskurve zeigt jedenfalls, daß Be- und Entladung in einem mittleren Druckbereich zwischen dem der Atmosphäre und dem Sauerstoffdruck, der für die Oxydationen in unseren Zellen erforderlich ist, erfolgen. Was ihre Lage und Gestalt angeht, ist sie damit für ein Leben in mäßigen Höhenlagen auf der Oberfläche dieser Erde vorzüglich geeignet. Organismen, die bei niedrigen Sauerstoffdrucken leben, besitzen Atmungspigmente, die ihren Umgebungen angepaßt sind.

Intuitiv mögen wir empfinden, daß sich Sauerstoff von der Lunge zum Gewebe bewegen sollte, weil dies die Richtung ist, in der er sich bewegen muß. Denken wir jedoch einen Augenblick darüber nach, dann wird uns klar, daß Dissoziation von HbO_2 in den Lungen genauso vorkommt wie in den Geweben; allein der höhere O_2-Druck in der Lunge ist die Ursache, daß die *Assoziation* schneller verläuft als die *Dissoziation*. Zweifellos werden viele Sauerstoffmoleküle vom Hb in der „falschen" Richtung von den entferntesten Zellen zu den Lungen transportiert.

Die Reaktion des Hämoglobins mit Sauerstoff ist gegenüber dem pH empfindlich; seine Tendenz, O_2 zu binden, nimmt mit fallendem pH ab. In Abb. 6.2 wurde durch einen höheren CO_2-Druck bei Wiederholung der Untersuchung ein niedrigerer pH erzeugt, der zu der Kurve rechts führte. Während der Passage durch die Gewebskapillaren (außer in den Lungen) fällt der pH des Blutes leicht ab als Folge des ansteigenden CO_2-Druckes. Dadurch wird die *Entladung* von Sauerstoff etwas beschleunigt. Dieser Effekt wird im Zusammenhang mit dem CO_2-Transport genauer besprochen.

Abb. 6.3. Modell der Hämoglobinstruktur; konstruiert aufgrund von Röntgenstrahlenbeugungs-Untersuchungen bei einem Auflösungsvermögen von 5,5 Ångström-Einheiten. Der weiße Anteil entspricht zwei identischen Untereinheiten, der schwarze einem anderen Paar identischer Untereinheiten. Beachten Sie, daß zwischen den Untereinheiten ein nur relativ geringer Kontakt besteht und daß die Häme nicht dicht beieinander liegen. (Mit Genehmigung wiedergegeben nach M. F. Perutz: Brookhaven Symposia in Biol. 13, 172 [1960])

Nebenbei, dieser Vorgang *könnte* als Pumpmechanismus arbeiten. Das heißt, wäre die pH-Differenz groß, dann könnte der Sauerstoff bei einem Druck abgeladen werden, der *höher* ist als der, bei dem er aufgeladen wurde. Diese Arbeitsweise schlug man zur Erklärung, wie der Sauerstoff in die Schwimmblasen des Fisches gepumpt wird, vor. Hämoglobin ist tatsächlich das interessante Beispiel einer Substanz, die als Carrier beim aktiven Transport arbeiten könnte, wenn es sich in unserem Organismus, soweit bekannt, auch nicht so verhält.

Das Hämoglobinmolekül enthält über 500 Aminosäurereste. Es sind viele genetische Varianten bekannt, bei denen jeweils ein einzelner Aminosäurerest durch einen anderen ersetzt ist. Diese Substitutionen mögen geringen Einfluß auf die biologische Wirkung des Hämoglobins haben. Im Falle des Sichelzellenhämoglobins, das bei afrikanischen Völkern häufig zu finden ist, scheint die Substitution eines Glutamatrestes durch einen Valinrest dem Träger einen Vorteil beim Überstehen der Malariainfektion zu bringen. Wenn Sichelzellenhämoglobin normalerweise auch ausreichend für Sauerstofftransport sorgt, so neigt es bei niedrigen O_2-Drucken doch zu Aggregationszuständen im Erythrocyten mit der Folge, daß die roten Blutkörperchen ihre Gestalt verändern und verklumpen. Thrombose und Embolie sind, eher noch als Anämie, die gefährlichen Konsequenzen bei der Sichelzellenkrankheit. Diese Krankheit ist ein Beispiel aus der großen Zahl der heute bekannten angeborenen Leiden, bei denen ein einzelner Defekt in einem bestimmten Proteinmolekül (gewöhnlich einem Enzym) den Stoffwechsel durcheinanderbringt.

Die verschiedenen Zustände, in denen Kohlendioxyd transportiert wird. Wenn wir uns mit CO_2 beschäftigen, begegnen wir einigen Schwierigkeiten, die beim Sauerstofftransport nicht vorkommen. Zwei Reaktionen stehen im Vordergrund der Darstellung:

$$CO_2 + H_2O = H_2CO_3 \qquad (6.1)$$
$$H_2CO_3 = H^+ + HCO_3 . \qquad (6.2)$$

Hat man diese Reaktionen begriffen, dann wird die Sache verhältnismäßig einfach. Für fast jedes CO_2-Molekül, das durch die Oxydation von Nahrungsstoffen entsteht, erhalten wir aufgrund dieser Reaktionen ein H^+. Pro Tag fallen 13—20 *Mol* CO_2 an. Dabei wird so viel H^+ freigesetzt, wie in einem großen Volumen einer starken Mineralsäure enthalten ist. Natürlich liegt nur ein äußerst kleiner Teil dieses H^+ zu irgendeinem Zeitpunkt wirklich frei vor, da es vom Körper ebensoschnell entfernt wird, wie es entstand, und da es während seiner flüchtigen Existenz meist an verschiedene Pufferanionen gebunden ist.

In diesem Kapitel haben wir oben berechnet, daß von dem gesamten CO_2 nur ein kleiner Teil physikalisch gelöst transportiert wird (die nach Reaktion 6.1 jeweils gebildete Menge Kohlensäure ist mitenthalten). Für den größten Teil des CO_2-Transportes sind wir auf Reaktion 6.2 angewiesen.

Wieviel des CO_2 von Vollblut jeweils in einer der verschiedenen Formen vorliegt, geht aus der hier wiedergegebenen klassischen Analyse hervor (Dill in der Berechnung von Hastings):

Form	Arteriell (mMol/l)	Venös (mMol/l)	Differenz (mMol/l)	%/o vom insgesamt transportierten
Gesamt-CO_2	22,0	24,2	2,2	100
Freies CO_2	1,3	1,5	0,2	9
Bicarbonation	19,6	21,0	1,4	64
Als $HbNHCOO^-$	1,1	1,7	0,6	27

Wie die Tabelle zeigt, finden wir einen sehr hohen CO_2-Gesamtgehalt, gleich, ob wir venöses oder arterielles Blut analysieren. Dieses

CO_2 ist in drei Formen vorhanden: Physikalisch gelöst ($CO_2 + H_2CO_3$), als Bicarbonation und in einer instabilen Verbindung mit Hämoglobin, dem Carbamino-CO_2 [1]. Von dem gesamten CO_2 werden nur etwa 10% aus dem venösen Blut in der Lunge abgegeben, in unserem Fall etwa 2,2 Millimol pro Liter. Es stellt sich nun die wichtige Frage: Welchen Anteil haben die verschiedenen Formen des CO_2 an dieser Differenz?

Physikalisch gelöstes Kohlendioxyd ($CO_2 + H_2CO_3$) steigt um etwa 0,2 Millimol pro Liter an, wenn der P_{CO_2} von der arteriellen zu der venösen Seite des Kreislaufes von 40 auf 46 mm zunimmt; dies macht etwa 9% der gesamten CO_2-Zuladung aus. Daß die Carboanhydrase die Hydratation, Reaktion 6.1, in beiden Richtungen katalysiert, ist ein wichtiger Faktor.

Die zweite Form von CO_2, das Bicarbonation, wird nach Reaktion 6.2 gebildet. Wesentlich ist dabei, daß für jedes neugebildete Bicarbonation ein *Wasserstoffion* freigesetzt wird. Aus der Tabelle oben geht hervor, daß offenbar jedem Liter Blut, wenn es in den Kapillaren mit neuem CO_2 beladen wird, etwa 1,4 Millimol H^+ zugefügt werden. Ein Millimol H^+ pro Liter (0,001 m) genügt, um den pH von reinem Wasser auf 3,0 zu bringen. Wir wollen uns einmal vorstellen, der Blut-pH schwanke zwischen 7,4 und 3, wenn das Blut vom arteriellen in den venösen Zustand übergeht; siehe linkes Drittel der Abb. 6.4. Natürlich ist dies absurd, denn Reaktion 6.2 würde schnell blockiert werden,

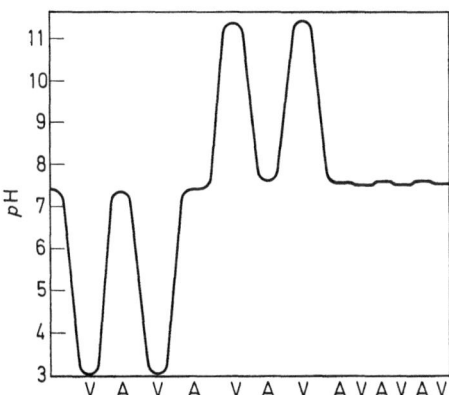

Abb. 6.4. soll veranschaulichen, welche pH-Differenzen zwischen venösem und arteriellem Blut entstünden, wenn ausschließlich CO_2 (linkes Drittel) oder ausschließlich O_2 (mittleres Drittel) transportiert würde. In Wirklichkeit würde natürlich viel weniger CO_2 und O_2 aufgenommen, da jeder Aufnahmevorgang durch die pH-Änderung, die er herbeiführt, gehemmt würde. Ganz rechts sieht man, wie weitgehend sich die beiden entgegengesetzten Einflüsse in Wirklichkeit aufheben

---

[1] Es muß betont werden, daß die in dieser Form transportierte Menge CO_2 indirekt geschätzt wurde, so daß eine Reihe möglicher Fehler enthalten ist.

wenn es tatsächlich zu einer derartigen Ansammlung von Wasserstoffionen käme. Trotzdem muß diese Menge H⁺ beseitigt werden, damit die Reaktion 6.2 weit genug und zuverlässig ablaufen kann. Dies ist das Hauptproblem des CO_2-Transportes.

Unser erster Gedanke ist, daß die *Puffer*eigenschaften des Blutes den größten Teil dieses H⁺ abfangen werden. Nun ist die treibende Kraft, durch die Pufferanionen bewegt werden, mehr H⁺ aufzunehmen, die *erhöhte H⁺-Konzentration*. Mit anderen Worten, der pH muß tatsächlich erniedrigt werden, damit es zu Pufferung kommen kann, und wenn wir den geeigneten Abschnitt der Titrationskurve von Vollblut auftragen, können wir herausfinden, wieviel H⁺ bei einem bestimmten Anstieg der H⁺-Konzentration aufgenommen wird (Abb. 6.5). Die Puffe-

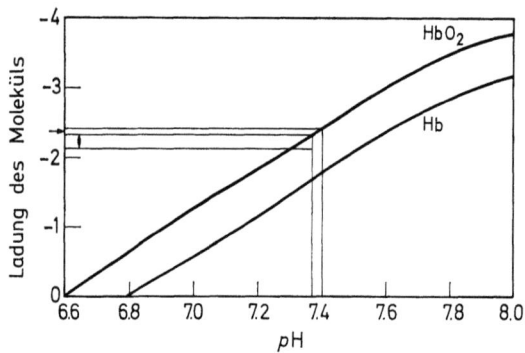

Abb. 6.5. Ausschnitt von der Titrationskurve des oxygenierten und des reduzierten Hämoglobins. Auf der Ordinate ist die negative Nettoladung der Moleküle aufgetragen; an der Abnahme des Ordinatenwertes kann man erkennen, wieviele Wasserstoffionen aufgenommen wurden. Wie man sieht, ist bei einem Absinken des pH von 7,40 auf 7,37, wenn HbO_2 oxygeniert bleibt, nur die begrenzte Wasserstoffionenaufnahme möglich, die durch den Pfeil links gekennzeichnet ist. Werden aber gleichzeitig 30% des HbO_2 reduziert, dann kann zusätzlich die Menge H⁺ aufgenommen werden, die durch das Symbol ↕ bezeichnet ist. Diese letzte Menge wird ohne Ausnutzung einer pH-Änderung aufgenommen, d. h. *isohydrisch*. Beachten Sie, daß man Hb, wie aus dieser Abbildung ebenfalls hervorgeht, exakterweise nicht als monobasische Säure darstellen kann, etwa als HHb. Der isoelektrische Punkt (keine Nettoladung) liegt nach der Zeichnung für HbO_2 bei pH 6,6, für Hb bei 6,8

rung ist größtenteils tatsächlich auf Hämoglobin zurückzuführen, besonders auf die darin enthaltenen Imidazolgruppen der Histidinreste.

In Wirklichkeit wird jedoch nur eine kleine Menge Wasserstoffionen auf diese Weise weggepuffert, denn die aktuelle pH-Abnahme ist gering. In Ruhe beträgt die pH-Differenz zwischen arteriellem und venösem Blut offenbar nur 0,03 Einheiten (zum Beispiel 7,41 auf 7,38). Mit anderen Worten, die freigesetzten Wasserstoffionen werden durch einen anderen Vorgang so wirksam beseitigt, daß das, was wir normalerweise unter Pufferung verstehen, eine kleinere Rolle spielt.

Wenn das Blut bei der Passage durch die Kapillaren CO_2 aufnimmt, kommt noch eine weitere Veränderung hinzu. Sauerstoff verläßt das Blut durch Diffusion; etwa ein Viertel bis ein Drittel des Oxyhämoglobins geht in den reduzierten Zustand (in dem es keinen Sauerstoff trägt) über. Damit liegt eine neue chemische Substanz vor, deren Titrationskurve in dem uns interessierenden Bereich (Abb. 6.5) eine deutlich andere Lage besitzt als die von Oxyhämoglobin. Die reduzierte Form hat eine größere Affinität zum Wasserstoffion; die Imidazolgruppen, die diesem Anteil der Titrationskurve entsprechen, sind schwächer sauer. Infolgedessen werden aufgrund dieser Umwandlung weit mehr Wasserstoffionen aufgenommen als durch die eigentliche Pufferung (s. Abb. 6.5).

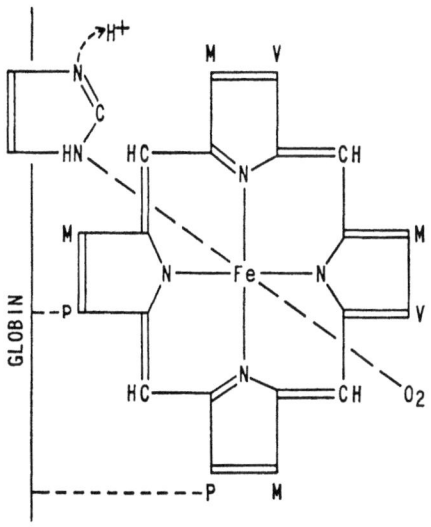

Abb. 6.6. Die sechs koordinativen Bindungen von FeII in HbO_2. M = Methylgruppe, V = Vinylgruppe, P = Propionat, das die Verbindung zum Globinanteil des Moleküls herstellt. Zu einer Imidazolgruppe, die einem Histidinrest im Globin gehört, verläuft die fünfte koordinative Bindung. Wird ein O_2-Molekül an die sechste Position (unten rechts) gebunden, dann führt die resultierende Elektronenverschiebung zu einer starken Tendenz, H^+ von der Imidazolgruppe dissoziieren zu lassen. Wird umgekehrt die Dissoziation dieses H^+ durch einen pH-Abfall zurückgedrängt, dann besteht eine Tendenz, O_2 abzugeben

Da man bei der Beschreibung eines solchen Vorgangs sagen kann, er erfolge bei konstantem pH und unabhängig vom pH, nennt man ihn *isohydrisch*, zum Beispiel den *isohydrischen Transport von CO_2*.

Sehen wir uns nun dieses Verhalten genauer an. Angenommen, Ihr Reagenzglas enthielte eine schwache Säure, HA, im Gleichgewicht mit ihren Dissoziationsprodukten, dann stellen Sie sich einmal vor, Sie könnten dieses System willkürlich in das System einer anderen, schwächeren Säure, HC, umwandeln:

$$HC \rightleftarrows H^+ + C^-$$
$$HA \rightleftarrows H^+ + A^-.$$

Wandelten Sie HC in HA um, dann lösten Sie wegen der größeren Dissoziationsneigung von HA eine plötzliche Freisetzung von H^+ aus. Die Verwandlung in der umgekehrten Richtung würde zu Alkalisierung führen. Nach diesem Prinzip werden Wasserstoffionen freigesetzt und aufgenommen, wenn Hämoglobin Sauerstoff aufnimmt und wieder abgibt.

(HHb für Hämoglobin zu schreiben, ist eine starke Vereinfachung; damit soll die Tendenz wiedergegeben werden, das Wasserstoffion zu binden, wenn Sauerstoff abgegeben wird. Verwenden wir diese Abkürzung, dann dürfen wir dabei nicht vergessen, daß Oxyhämoglobin und reduziertes Hämoglobin, wie alle Proteine, *polybasische Ampholyte* sind, was auch aus Abb. 6.5 hervorgeht.)

Wir können uns vorstellen, daß der Transport von *Sauerstoff allein*, wie Abb. 6.4 zeigt, zu erheblichen pH-Schwankungen führen würde. Auch hier würde das freigesetzte Wasserstoffion die Sauerstoffaufnahme gefährlich einschränken, wenn das H^+ nicht weggeschafft und so die unmittelbare pH-Änderung kleiner gehalten werden könnte. Wir können uns jetzt ein Bild davon machen, wie der gleichzeitige Transport von O_2 und CO_2 (in entgegengesetzten Richtungen) die beiden Schwingungen der Wasserstoffionenkonzentration fast völlig ausbalanciert, wie gezeigt, und so die pH-Änderung auf etwas 0,03 Einheiten begrenzt.

Warum neigt Hämoglobin dazu, H^+ freizusetzen, wenn es Sauerstoff bindet? Vier der sechs koordinativen Valenzen des Eisens im Hämoglobin sind durch den Pyrrolstickstoff besetzt (Abb. 6.6), die fünfte durch den Imidazolrest eines Histidins, das in einer Peptidkette des Globins enthalten ist; die sechste Valenz des Eisens bindet O_2. Fehlt Sauerstoff, dann lagert sich an die sechste Valenz wahrscheinlich ein Wassermolekül an.

Unsere Aufmerksamkeit wollen wir nun der Achse zuwenden, die durch das Eisenatom vom O_2 zu einer Imidazolgruppe verläuft. Die Anlagerung des Sauerstoffmoleküls führt zu einer Elektronenverschiebung in der Imidazolgruppe, wodurch die Bindungsstabilität eines Wasserstoffions vermindert wird. Vielleicht können wir uns zum Vergleich einen mechanischen Apparat vorstellen, der so konstruiert ist, daß bei Ansetzen von O_2 an einem Ende der Achse am anderen Ende H^+ wegfliegen muß. Umgekehrt verdrängt ein H^+, das am Imidazolende angefügt wird, leicht den Sauerstoff aus seiner Position (dies verrät uns, warum die Sauerstoffabsorptionskurve, wie schon Abb. 6.2 zeigt, durch eine pH-Änderung verschoben wird). Unser mechanisches Bild muß insofern korrigiert werden, als Zugabe von Sauerstoff nur eine *Tendenz* schafft, H^+ zu dissoziieren: Man hat beobachtet, daß etwa 0,7 Äquivalent H^+ bei Zugabe von einem Mol O_2 freigesetzt werden.

Die Bildung von Carbamino-CO$_2$ ist der Bicarbonatbildung analog:

$$CO_2 + H_2O = HCO_3^- + H^+$$
$$CO_2 + HbNH_2 = HbNHCOO^- + H^+.$$

(Die NH$_2$-Gruppe in der Gleichung gehört zum Globinanteil.) Beide Reaktionen bilden H$^+$, das durch die eben beschriebenen Vorgänge beseitigt werden muß. Bei einem gegebenen Druckgefälle erhöht diese neue Reaktion, gleich in welchem Umfang sie besteht, die Gesamtmenge des transportierten CO$_2$; das Grundproblem, die *Wasserstoffionen zu beseitigen*, wird dadurch aber nicht kleiner.

Die Abbildungen 6.7 und 6.8 rekapitulieren die besprochene Ereignisfolge; man fasse sie als Teile eines lebenden Modells auf. In Abb. 6.7

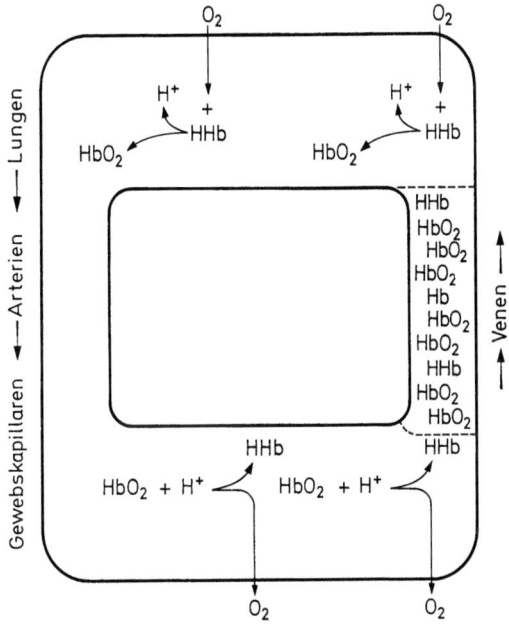

Abb. 6.7. Isolierte Darstellung des Sauerstofftransportes im Blut. Wasserstoffionen werden in den Lungen freigesetzt und außerhalb der Lungen in den Geweben wieder gebunden. Dabei kommt es zu großen pH-Änderungen und schwerer Beeinträchtigung der Sauerstoffaufnahme und -abgabe. (Aus technischen Gründen ist die Reaktion mit Sauerstoff von nur zwei der im Text erwähnten drei Hb-Moleküle wiedergegeben)

wird ausschließlich *Sauerstoff transportiert*, d. h. bei konstantem CO$_2$-Druck. Zehn Moleküle Hb werden bei ihrer Bewegung im Kreislauf verfolgt. Im rechten (venösen) Schenkel sind sieben davon mit Sauerstoff beladen, drei dagegen nicht. Wenn diese drei übrigen in die Lungenkapillaren gelangen, nehmen sie Sauerstoff auf und setzen zwei

Wasserstoffionen frei, wodurch sie das Blut ansäuern. Im unteren Abschnitt werden drei Sauerstoffmoleküle wieder abgegeben, weil der P_{O_2} hier niedriger ist, und die beiden Wasserstoffionen werden wieder aufgenommen. Der pH schwankt stark zwischen sauer und alkalisch.

Abb. 6.8 stellt den CO_2-Transport allein, d. h. bei konstantem P_{O_2}, dar. Im unteren Bildteil, den außerpulmonalen Kapillaren, gelangt

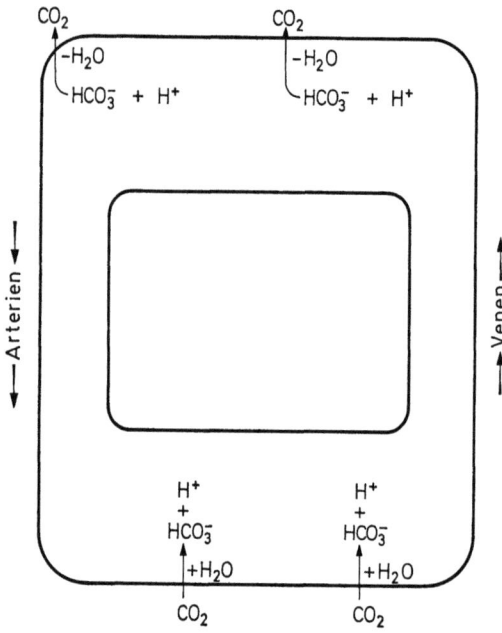

Abb. 6.8. Isolierte Darstellung des Kohlendioxydtransportes im Blut. Außerhalb der Lungen werden in den Geweben Wasserstoffionen freigesetzt und in den Lungen wieder gebunden. Dies führt zu großen pH-Änderungen und zur Beeinträchtigung der CO_2-Aufnahme und -abgabe. Legt man Abb. 6.7 über Abb. 6.8, dann kann man sehen, daß die Wasserstoffionen, die der eine Prozeß freisetzt, durch den anderen fast vollständig wieder verbraucht werden, wenn O_2- und CO_2-Transport gleichzeitig, aber in entgegengesetzter Richtung ablaufen

Kohlendioxyd in das Blut und führt zu der Freisetzung von, sagen wir, zwei Wasserstoffionen; dadurch wird das „venöse" Blut sauer. In den Lungen werden diese Wasserstoffionen wieder gebunden, wenn das aufgenommene CO_2 abgegeben wird. Auch hier schwankt der pH stark, aber in entgegengesetzter Richtung.

Legen wir Abb. 6.7 über Abb. 6.8, wie dies in Abb. 6.9 geschehen ist, dann können wir feststellen, daß die durch den Eintritt von CO_2 freigesetzten Wasserstoffionen von dem Hämoglobin aufgenommen werden, das gerade seinen Sauerstoff verloren und seine Affinität für H^+ erhöht hat. Im oberen (Lungen-)Anteil reichen die Wasserstoffionen, die freigesetzt werden, wenn reduziertes Hämoglobin Sauerstoff aufnimmt, genau dafür aus, daß aus Bicarbonat wieder CO_2 gebildet werden kann, was dann entweicht.

Im ganzen können wir den Gastransport als einen Vorgang ansehen, bei dem das Wasserstoffion zwischen dem Hämoglobin und dem Bicarbonat hin und her jongliert wird: Das eine dient jeweils als Accep-

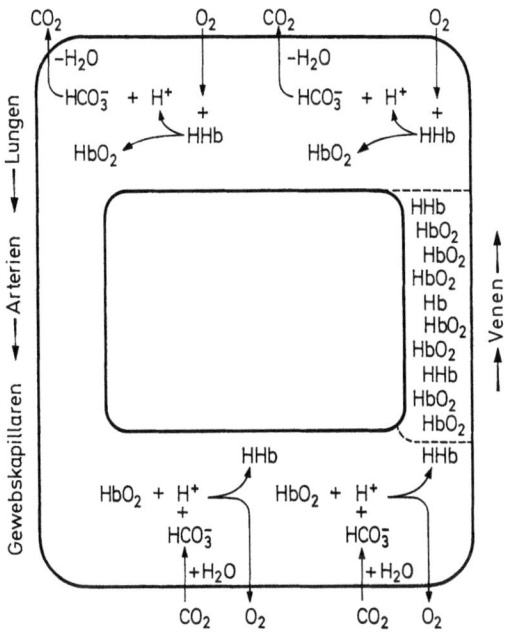

Abb. 6.9. Darstellung des gleichzeitigen Transportes von Sauerstoff und Kohlendioxyd. Kombination von Abb. 6.7 und 6.8

tor, wenn das andere Donor sein muß. Dieses Ineinandergreifen macht es möglich, daß jedes der Gase bei einer gegebenen Erhöhung seines Partialdruckes in weit größerem Umfang aufgenommen wird; oder anders betrachtet, es gestattet beiden, unter minimalen pH-Änderungen transportiert zu werden. Wie genau im einzelnen die bei dem einen Vorgang freigesetzten Wasserstoffionen der Bindungskapazität des anderen entsprechen, hängt etwas von dem Verhältnis zwischen Sauerstoffverbrauch und CO_2-Freisetzung ab, d. h. vom respiratorischen Quotienten. Lassen Normalwerte für den respiratorischen Quotienten des Menschen maximale pH-Stabilität zu?

Heterogenität der Blutzusammensetzung. Bisher haben wir das Blut behandelt, als sei es eine einzige homogene Lösung, und die Tatsache nicht beachtet, daß das Hämoglobin in winzige Beutelchen eingeschlossen ist. Deshalb sind die Vorgänge zwar noch komplizierter, aber anscheinend nicht weniger wirksam. Läge das Hämoglobin im

Plasma frei vor, dann käme es natürlich zu intolerablen Verlusten in den Urin. Kleine Mengen Hämoglobin im Plasma (etwa bis 130 mg pro 100 ml) werden an ein anderes Protein gebunden und passieren die Glomerulusmembran nicht. Wenn die Konzentrationen die Bindungskapazität dieses Proteins überschreiten, kommt es zu Hämoglobulinurie (Lathem).

Als typische arterio-venöse Differenz wurden 2,2 Millimol CO_2 pro Liter vorgeschlagen. Trennen wir Zellen und Serum, dann finden wir in jeder Phase etwa die Hälfte dieser Kohlendioxyd-Zuladung. Wenn Hämoglobin tatsächlich für 90% des CO_2-Transportes verantwortlich ist, ist es vielleicht paradox, daß sich die Hälfte der CO_2-Zuladung im Plasma befindet.

Was Hb größtenteils schleppt, ist nicht CO_2 selbst, sondern das H^+, das bei der Bildung von HCO_3^- frei wurde. Das entstehende HCO_3^- kann die Erythrocytenmembran leicht passieren und gelangt in das Plasma, das dadurch an dem hinzugewonnenen Bicarbonat teilhat. Das Bicarbonation könnte nicht frei permeieren, wenn der Erythrocyt nicht auch für Chloridionen durchlässig wäre. Wenn sich die Bicarbonationen in der einen Richtung bewegen, wandert Chlorid zur Erhaltung der Elektroneutralität in der anderen. (Warum könnte statt dessen nicht auch K^+ zugleich mit dem HCO_3^- die Zellen verlassen?)

Diese „Chloridverschiebung" ist eine wichtige Fehlerquelle bei Analysen. Läßt man eine Blutprobe längere Zeit an der Luft stehen, dann entweicht CO_2 daraus fast vollständig. In gemäßigter Form spielt sich der gleiche Vorgang in den Lungen ab, wenn CO_2 abgegeben wird. In den Erythrocyten schwinden Bicarbonationen durch Reaktion mit Wasserstoffionen unter Bildung von CO_2 und H_2O. Dadurch wird die HCO_3^--Konzentration in den Zellen niedriger als außen, und es dringt Bicarbonat ein, um ebenfalls vernichtet zu werden, während Chlorid die Zellen verläßt. Bestimmt man jetzt das Serumchlorid, dann erhält man also fälschlich einen hohen Wert. Deshalb muß Blut für Serumchlorid-Analysen sorgfältig behandelt werden. Idealerweise sollte es unter Öl gesammelt werden; in jedem Fall sollten die Erythrocyten unter möglichst geringem Schütteln sofort abgetrennt werden. Wenn das Blut durch Verlust von CO_2 aus dem Vollblut alkalischer wird, kommen auch Wasserverschiebungen vor.

CO_2-Absorptionskurven. Abb. 6.10 zeigt eine andere übliche Methode, das Verhalten des Blutes gegenüber Kohlendioxyd bei verschiedenen Graden der Sauerstoffbeladung darzustellen. Es sind die Kohlendioxyddrucke wiedergegeben, die zur Erzeugung eines bestimmten CO_2-Gehaltes erforderlich sind.

Wasser oder eine Bicarbonatlösung folgen dem Henryschen Gesetz und nehmen nur eine vergleichsweise kleine Menge CO_2 auf (untere Linie). Sauerstoffbeladenes Blut nimmt bei gegebenen CO_2-Drucken sehr viel mehr CO_2 auf. Wird das Hämoglobin aber reduziert, dann nimmt seine Affinität für H^+ zu, und bei den gleichen CO_2-Druckwerten wird noch mehr CO_2 aufgenommen. Der Student sollte zwei Punkte A und V auf diesem Diagramm wählen und daran die arteriovenösen Schwankungen des CO_2-Gehaltes im Atmungskreis erläutern. Auf Abb. 6.10 wird in Kap. 8 noch genauer eingegangen.

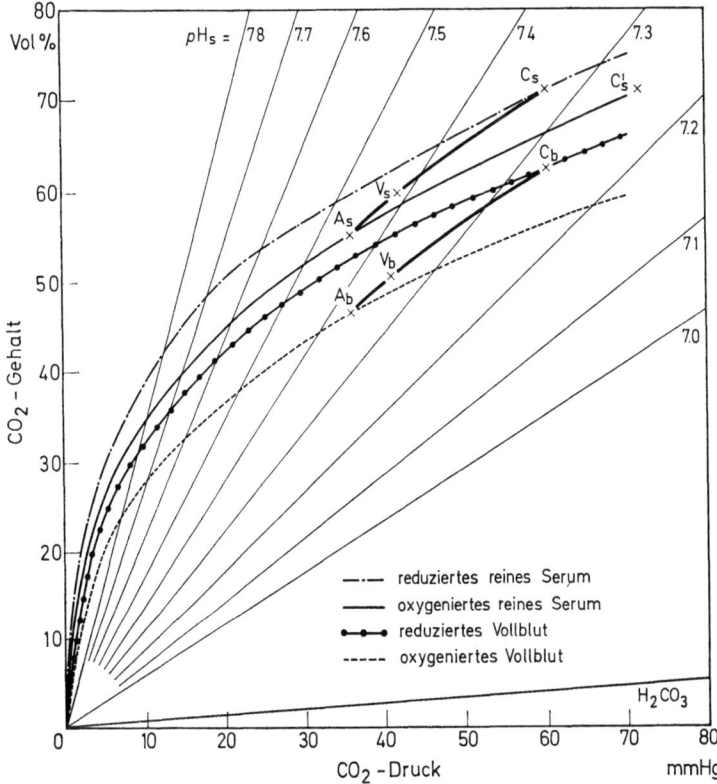

Abb. 6.10. Kohlendioxydabsorptionskurven von Blut. (Aus: Peters u. Van Slyke: Quantitative Clinical Chemistry. Vol. I. Baltimore 1931)

7. Was belastet die Neutralität?

Der Organismus hält während des Gastransportes, wie wir bereits besprochen haben, den pH seines Blutplasmas ständig in einem günstigen Bereich konstant; der Spielraum beträgt nur eine zehntel pH-Einheit, obwohl gleichzeitig riesige Mengen der anfallenden Wasserstoffionen beseitigt werden müssen. Daran können wir sehen, daß der pH einer der Faktoren in der Zellumgebung sein muß, dessen Konstanz große biologische Bedeutung hat. Wir können ferner schließen, daß ein konstanter pH innerhalb der Zellen ähnlich wichtig ist. Eine pH-Abweichung wird den Dissoziationsgrad der meisten strukturellen und katalytischen Zellelemente etwas verändern. Daraus ergeben sich Veränderungen der relativen Geschwindigkeiten chemischer Reaktionen und der Verteilung von Ionen und Wasser.

Vielleicht sollten wir uns jedoch davor hüten anzunehmen, daß dem cellulären pH ein größeres biologisches Gewicht zukommt als dem extracellulären. Die Vorstellung, der extracelluläre Raum sei ein „innerer See", der die meisten Belastungen von außen erfährt und abfängt, wurde umgeworfen, als man klar erkannte, daß bei Dehydratation das celluläre Kation anscheinend ebenso leicht geopfert wird wie das extracelluläre. Wir haben außerdem beobachtet, daß bei Kaliummangel Wasserstoffionen in der Zelle offenbar frei angereichert werden.

Ähnlich große Mengen Wasserstoffionen, wie sie im Blut beim CO_2-Transport auftreten, müssen auch innerhalb der Zellen in früheren Stoffwechselstadien vorübergehend frei werden. Doch wie im Falle des CO_2-Transportes werden auch in der Zelle ziemlich genau gleiche Mengen Wasserstoffionen wieder gebunden oder eliminiert. Weil H^+ im Stoffwechsel in so großem Ausmaß freigesetzt und gebunden wird, kam man oft zu der pessimistischen Auffassung, ein Gleichgewicht zwischen Aufnahme und Abgabe des Wasserstoffions könne gar nicht hergestellt werden. In Wahrheit lassen sich jedoch die Fälle, bei denen im Stoffwechsel Nettoproduktion oder -bindung von H^+ vorkommt, deutlich abgrenzen.

Unter den Belastungen der Neutralität gibt es allerdings nur eine ausgewählte Gruppe, die ohne Beziehung zu einer Nettoproduktion oder -freisetzung von H^+ im Stoffwechsel verstanden werden kann. Dies sind Störungen, die durch so handgreifliche äußere Ereignisse wie die Einnahme oder die therapeutische Verabfolgung von HCl, NaOH oder $NaHCO_3$ herbeigeführt werden oder durch den unmittelbaren Verlust von HCl beim Erbrechen von Magensaft. Selbst die Tatsache, daß die Ausscheidung von Bicarbonationen säuernd wirkt, muß über

den Stoffwechsel erklärt werden. In einer Phase des CO_2-Transportes wird, wie wir sahen, H^+ freigesetzt:
$$CO_2 + H_2O \rightarrow H_2CO_3 \rightarrow HCO_3^- + H^+,$$
in einer späteren wird H^+ wieder gebunden,
$$HCO_3^- + H^+ \rightarrow H_2CO_3 \rightarrow CO_2 + H_2O.$$
Die Summe dieser Phasen ist null, so daß der CO_2-Transport letztlich keinen Einfluß auf die Neutralität hat.

Wenn aber etwas HCO_3^- mit dem Urin ausgeschieden wird oder auf andere Weise verloren geht, bleibt H^+, das bei der Bildung jedes HCO_3^- freigesetzt worden war, allein im Körper zurück, weil die zweite H^+-eliminierende Phase des CO_2-Transportes dann unmöglich ist. Umgekehrt wirkt Gabe von HCO_3^- alkalisierend, selbst wenn das Bicarbonat nicht im Organismus retiniert wird, weil in diesem Falle die zweite, H^+-eliminierende Phase der beschriebenen Folge von der H^+-freisetzenden Phase isoliert wird.

Analog zu der Phase des CO_2-Transportes, in der H^+ entsteht, gibt es auch im Stoffwechsel von Zuckern und Fettsäuren Stufen, in denen H^+ frei wird, z. B.:
$$\text{Glucose} \rightarrow 2\,\text{Lactat}^- + 2\,H^+$$
$$CH_3(CH_2)_{14}COO(R) \rightarrow 8\,CH_3COO^- + 8\,H^+.$$
Aber das H^+ wird nur vorübergehend freigesetzt. Führen wir den Stoffwechsel jedes Intermediärproduktes zuende, dann sehen wir, daß das gebildete H^+ wieder gebunden wird:
$$\text{Lactat}^- + H^+ + 3\,O_2 \rightarrow 3\,H_2O + 3\,CO_2$$
$$CH_3COO^- + H^+ + 2\,O_2 \rightarrow 2\,H_2O + 2\,CO_2.$$

Das hier erläuterte Prinzip ist ein chemisches. Wenn eine neutrale organische Verbindung in einem wäßrigen System in ein Anion verwandelt wird, entsteht auch H^+, es sei denn, es wird ein anderes Kation gebildet. Das Prinzip läßt sich auf den Organismus ebenso anwenden wie auf das Reagenzglas. Bei der Umwandlung des Anions in neutrale Produkte wird H^+ wieder verbraucht. Die schlechte Gewohnheit, in der Biochemie Gleichungen zu schreiben, die Substanzen im Zustand der Dissoziation wiedergeben, in dem sie sich beim Körper-pH kaum befinden können, verschleiert diese Zusammenhänge häufig.

Wenn man einfache Proteine in ihrem isoelektrischen Zustand aufnimmt, haben sie insgesamt ebenfalls keinen Einfluß auf die Neutralität, wenn wir hier einmal von ihrem Schwefelgehalt absehen. Weil viele unserer Nahrungsstoffe in ungeladener Form aufgenommen und als ungeladene Abbauprodukte wieder abgegeben werden, wie CO_2, H_2O und Harnstoff, beeinträchtigt unser Stoffwechsel größtenteils die Neutralität nicht. Gäbe es nich einige wichtige Ausnahmen, brauchten wir nur dafür zu sorgen, daß sich unsere gesamte Nahrung entsprechend neutral hielte; wir benötigten dann keine biologischen Einrichtungen, die unsere

Neutralitätslage regulieren. Abgesehen von diesen Ausnahmen, die in den folgenden Abschnitten besprochen werden, kommt es nur dann zu Nettoeffekten auf die Neutralität, wenn sich die Geschwindigkeiten verschiedener Reaktionen unverhältnismäßig ändern.

Netto-Bildung oder Netto-Verbrauch von H^+. Wenn H^+-freisetzende und H^+-eliminierende Phase auch nur irgendwie dazu neigen, in ihren Geschwindigkeiten zu dissoziieren, kommt es zu Nettobildung oder Nettoverbrauch von H^+. Bei Insulinmangel, zum Beispiel, verläuft die folgende Summenreaktion,

$$CH_3(CH_2)_{14}COO(R) + 7\ O_2 \to 4\ CH_3COCH_2COO^- + 4\ H^+ + 4\ H_2O,$$

schneller als die Acetessigsäure zerstört werden kann:

$$CH_3COCH_2COO^- + H^+ + 4\ O_2 \to 4\ CO_2 + 3\ H_2O.$$

In einem Zeitraum, in dem sich Acetessigsäure zusammen mit der begleitenden β-Oxybuttersäure anhäuft, muß sich auch H^+ im Überschuß ansammeln, aber nicht unbedingt in freier Form. Wenn der Verbrauch an Acetoacetat an dessen Produktion herankommt, werden diese Wasserstoffionen wieder vernichtet, soweit das Acetoacetat nicht in den Urin verloren ging. Dieser Anteil hat Wasserstoffionen allein zurückgelassen, die durch Abbau nicht entfernt werden können, selbst wenn genug Insulin gegeben wird, den Abbau angesammelter Ketoanionen zu ermöglichen.

Wir isolieren dagegen die H^+-eliminierende Phase von der H^+-freisetzenden, wenn wir Natriumlactatlösungen zur Bekämpfung der Acidose anwenden:

$$CH_3CHOHCOO + H + 3\ O_2 \to 3\ CO_2 + 3\ H_2O.$$

Wenn Lactat oxydiert wird, muß der Umgebung unvermeidbar ein Wasserstoffion entzogen werden, worauf sich die alkalisierende Wirkung dieser Substanz zurückführen läßt. Natriumlactat ist in 1/6-molarer Lösung eines der am besten geeigneten alkalisierenden Mittel in der Therapie; gegenüber $NaHCO_3$ hat es den Vorteil für Hitzesterilisation stabil genug zu sein.

Wenn wir mit der Nahrung Säuren, wie Milch- oder Zitronensäure, aufnehmen, dann hat dies insgesamt keinen Einfluß auf die Neutralität, weil das Wasserstoffion als Teil der Säure mit dem Abbau des organischen Anions eliminiert wird. Nicht verbrennbare Säuren, wie Weinsäure und Benzoesäure, werden natürlich säuernd wirken, genauso wie HCl. Zitrusfrüchte enthalten nicht nur Zitronensäure, sondern auch etwas Kaliumcitrat; die Oxydation dieses Citrates hat einen alkalisierenden Effekt. Die meisten Früchte und Gemüse wirken alkalisierend, weil sie abbaubare organische Anionen enthalten.

Accumulation organischer Anionen im Blut. Eine Reihe organischer Anionen, wie Lactat, Pyruvat, Acetoacetat und Citrat, sind normalerweise in einer Konzentration von insgesamt etwa 5 oder 6 Milliäquivalent pro Liter im Serum vorhanden. Diese Anwesenheit erlaubt es ihnen wohl, sich zwischen den Zellen des Organismus auszutauschen. Intensive Muskelübung kann die Lactatkonzentration sehr schnell erhöhen. Die Bicarbonatkonzentration sinkt entsprechend ab, als wenn Milchsäure dem Blut zugesetzt worden wäre. Werden Acetessigsäure und β-Hydroxybuttersäure schneller gebildet, als sie verbraucht werden können, dann steigt ihre Konzentration im Plasma zwar langsamer an, in diesem Falle aber ebensosehr auf Kosten des Chlorids wie des Bicarbonates. In beiden Fällen bedeutet die Erniedrigung des Bicarbonatspiegels eine vorübergehende Behinderung der respiratorischen Neutralitätskontrolle. Man sollte sich daran erinnern, daß der Einfluß dieser angesammelten organischen Anionen rückgängig gemacht wird, wenn sie später abgebaut werden.

Säuernde Wirkung von Nahrungseiweiß. Ein anderer Fall, bei dem wir eine H^+-produzierende Reaktion isolieren, ist die Oxydation „neutralen" Schwefels, wie er zum Beispiel in Cystin, Cystein oder Methionin vorliegt. Hier werden Substanzen ohne Nettoladung zu neutralen Ausscheidungsprodukten *plus Sulfation* oxydiert. Mit dem Sulfation werden unvermeidbar zwei Wasserstoffionen gebildet. Es ist klar, daß der Organismus das Sulfat weder als gasförmiges SO_3 ausscheiden kann, etwa analog der Ausscheidung von HCO_3^- als CO_2, noch als H_2SO_4. Diese Wasserstoffionen bleiben im Körper zurück und belasten die besonderen Einrichtungen für die Ausscheidung von Wasserstoffionen, die in Kap. 9 besprochen werden. Einige Autoren glauben, der Phosphor der Nahrungsproteine spiele eine ähnliche Rolle; hier liegt der Fall jedoch anders, weil man Phosphor im Nahrungseiweiß allgemein in dem gleichen Ladungszustand vorfindet, in dem er ausgeschieden wird.

Die normale Nahrung eines großen Teils der Weltbevölkerung enthält genügend schwefelhaltiges Protein, das im Stoffwechsel zu einer Nettobildung von Säure führen kann (was daraus hervorgeht, daß der Urin-pH durchschnittlich unter 7,4 liegt). Überdies enthält der Brennstoff des Körpers bei teilweiser oder völliger Nahrungskarenz (z. B. während einer Krankheit) besonders viel Eiweiß, weil unsere Gewebe verbraucht werden. Entsprechend wird unsere Neutralität in *saurer* Richtung belastet. Bei Dehydratation, wo die Niere an der Ausscheidung von überschüssigem H^+ gehindert ist, besteht deshalb fast regelmäßig eine Neigung zu Acidose. Derselbe Zusammenhang läßt sich auch auf die Acidose der Nierenkrankheiten anwenden. „Hyperchlorämische" Acidose hat häufig diese Ursache.

Säuernde Wirkung von NH_4Cl. Endogene Nettoproduktion von H^+ kommt auch bei Gaben von NH_4Cl vor. Die Leber entfernt das mit dem Pfortaderblut ankommende NH_4^+ nach einer Gesamtreaktion, die für jedes verbrauchte NH_4^+ ein Wasserstoffion liefert:

$$2\,NH_4^+ + CO_2 \rightarrow \begin{matrix}NH_2\\ \\NH_2\end{matrix}\!\!>\!\!C=O + 2\,H^+ + H_2O.$$

(Beachten Sie, daß wir die Zwischenreaktionen im Stoffwechsel hier nicht im einzelnen aufzeigen müssen. Eine Bilanzgleichung, die reagierende Stoffe und Reaktionsprodukte erfaßt, klärt ausreichend, ob H^+ gebildet oder verbraucht wird.)

Entsprechend wird NH_4Cl als brauchbares säuerndes Mittel verwandt. Daß die Umwandlung von NH_4^+ in Harnstoff säuernd wirkt, ist eine notwendige Umkehr des alkalisierenden Effektes, der bei dem Ersatz der Harnstoffausscheidung durch NH_4^+-Ausscheidung zustandekommt, wie in Kap. 9 besprochen wird.

Perorale Gabe von Calciumchlorid hat ebenfalls eine säuernde Wirkung, weil Calcium im Darm Reaktionen der folgenden Art eingeht:

$$3\,Ca^{++} + 2\,HPO_4^= \rightarrow Ca_3(PO_4)_2 + 2\,H^+.$$

Allgemeine Zusammenfassung. Ob biologische Ereignisse oder Vorgänge säuernd oder alkalisierend wirken, läßt sich nach dem Dargestellten bestimmen, wenn man die ablaufenden chemischen Reaktionen niederschreibt. Ein Ereignis kann nur dann die Neutralitätslage beeinflussen, wenn H^+ als Nettoprodukt anfällt oder in die Reaktion eingeht. Säuernde Wirkung wurde früher der Retention von Chlorid, Sulfat oder Phosphat oder dem Verlust von Na^+ zugeschrieben, alkalisierende dem Verlust von Cl^- oder der Retention von Na^+. Da diese Ereignisse *selbst* offenbar nicht notwendig einschließen, daß H^+ überhaupt freigesetzt oder gebunden wird, können wir ihren Einfluß auf die Neutralität bezweifeln. Wenn wir natürlich mit der Resorption von Na^+ in den Nierentubuli dessen *Austausch gegen* H^+ meinen oder beim Erbrechen den Verlust von Cl^- *und* H^+ im Magensaft, dann sind Einflüsse auf die Neutralität eingeschlossen.

Aus der vorliegenden Besprechung geht hervor, daß der Stoffwechsel einen Überschuß oder Mangel an H^+ erzeugen kann, so daß der Organismus fähig sein muß, das unterschiedlich anfallende H^+ zu bewältigen. Wir werden noch sehen, wie er einen solchen Überschuß oder Mangel an H^+ soweit wie möglich unschädlich machen kann und wie er in der Niere den Überschuß durch vermehrte Ausscheidung und den Mangel durch vermehrte Retention von H^+ korrigieren kann. Außerdem werden wir noch auf die Natur der metabolischen Acidose oder Alkalose eingehen, die dann auftreten, wenn die Nieren die Neutralität nicht ausreichend regulieren können. Natürlich kann eine therapeutische Korrektur der Neutralität die zu besprechende renale zum Teil oder auch ganz überflüssig machen. Glücklicherweise ist eine vollständige exogene Korrektur selten erforderlich; sie könnte wohl nur durch allmähliche Annäherung erreicht werden, denn über die Verteilung des Wasserstoffions bestehen Ungewißheiten, die durch Blutanalyse nicht beseitigt werden können.

8. Einflüsse der Atmung auf die Verteilung des Wasserstoffions

Wesentliche Teile dieses Stoffes sind eigentlich schon behandelt worden. Sowohl der Transport von CO_2 als auch der von O_2 führt vorübergehend zu der Freisetzung beträchtlicher Mengen Wasserstoffionen. Obwohl sie nur vorübergehend auftreten, könnte es doch zu gefährlichen Situationen kommen, wenn sie sich nicht weitgehend aufhöben, indem Bicarbonat als H^+-Acceptor wirkt, während Hämoglobin H^+-Donator sein muß und umgekehrt.

Die unphysiologische Steigerung der komplizierten Vorgänge beim Gastransport, besonders CO_2-Ansammlung und übermäßige CO_2-Ausscheidung, bildet die Grundlage *respiratorischer* Störungen des Säure-Basen-Gleichgewichtes. Wenn die Abgabe von CO_2 durch Krankheiten verlangsamt ist, wird die vorübergehende Beladung mit Wasserstoffionen abnorm groß und löst eine *respiratorische Acidose* aus. Wenn umgekehrt durch forciertes Atmen CO_2 schneller abgegeben wird als es nachgebildet werden kann, erleiden die Körperflüssigkeiten einen Nettoverlust an Wasserstoffionen, und es resultiert *respiratorische Alkalose*. Bei diesen respiratorischen Störungen ist Hämoglobin, ebenso wie während des Gastransportes der wichtigste Blutpuffer.

Metabolische Störungen der Wasserstoffionenkonzentration. Bei dem zweiten, häufigeren Typ einer Störung der Neutralität, der sogenannten *metabolischen* Alkalose oder Acidose, liegt eine ganz andersartige Situation vor. Eine metabolische Acidose wird durch eine andere Säure als Kohlensäure hervorgerufen. Im vorhergehenden Kapitel sprachen wir darüber, woher überschüssiges H^+ kommt. Um zu erläutern, wie Säuren die Neutralität belasten, wollen wir einmal annehmen, Salzsäure werde einem Tier in fast maximaler Menge injiziert. Ein solches Experiment ergibt folgende Verteilung des nach der Injektion im Blut verbleibenden H^+:

Neutralisiert durch	Milliäquivalent/Liter
HCO_3^-	18
Hämoglobin	8
alle übrigen Puffer	2

(Ein weiterer großer Teil des injizierten H^+ wird in der interstitiellen Flüssigkeit und in den Zellen beseitigt worden sein.)

Beachten Sie, daß wir das Bicarbonation jetzt an die Spitze unserer Tabelle der Blutpuffer gesetzt haben, während wir es doch zum Abfangen einer CO_2-Ansammlung völlig unbeachtet gelassen hatten. Ist dies ein innerer Widerspruch?

In Wirklichkeit ist das Bicarbonat-Kohlensäuresystem beim pH von normalem Plasma ein sehr schwacher *Puffer* im üblichen Sinne. Beachten Sie, daß die Titrationskurve (Abb. 8.1) hauptsächlich unterhalb von pH 7 liegt und daß die Kurve bei pH 7,4 alles andere als steil ist.

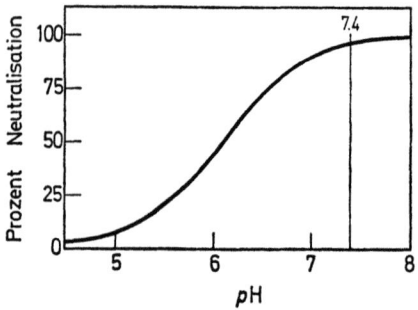

Abb. 8.1. Titrationskurve für das Bicarbonat-Kohlensäure-System. Bei pH 7,4 sind wir vom steilen, mittleren Anteil der Kurve zu weit entfernt, als daß wir gute Pufferung erwarten könnten

Daß HCO_3^- am wichtigsten ist, wenn überschüssiges H^+ entfernt werden soll, hat andere Gründe. Die Kohlensäure, das zweite Glied des Puffersystems, ist flüchtig, und ihre Konzentration hängt nur vom CO_2-Druck ab. Wenn zusätzlich H_2CO_3 gebildet wird, indem HCO_3^- und H^+ miteinander reagieren, dann zerfällt dieses in Wasser und CO_2 und letztes wird sofort ausgeschieden:

$$HCO_3^- + H^+ \rightarrow H_2CO_3 \rightarrow H_2O + CO_2 \uparrow.$$

Bei den üblichen Puffern kommt dies nicht vor. Wenn wir vielmehr bei ihnen die Konzentration der dissoziierten Form *vermindern, erhöhen* wir die der undissoziierten Form. HCO_3^- jedoch können wir hergeben, ohne den H_2CO_3-Spiegel dauerhaft zu erhöhen.

Unterrichtsversuch[2] **über die respiratorische Reaktion auf Säurebelastung.** Wir wollen folgende Demonstration aufbauen: Geben Sie in zwei geschlossene Zylinder Salzlösungen, die in ihrer Zusammensetzung unsere Körperflüssigkeiten nachahmen. Die eine enthält neben anderen Ionen 25 Milliäquivalent Bicarbonationen pro Liter, annähernd den Serumspiegel. Die andere enthält halb soviel Bicarbonat, 12,5 Milliäquivalent pro Liter. In jeder Lösung befindet sich der Indikator Phenolrot.

---

[2] Vorgehen bei der Demonstration: 162 ml einer 0,154 m $NaHCO_3$ plus 828 ml 0,154 m NaCl plus 10 ml 0,04%iges Phenolrot. Nach dem Mischen geben Sie in jeden Zylinder jeweils die Hälfte der Gesamtmenge. Zu einem Zylinder 6,2 ml n HCl geben, $[HCO_3^-]$ wird dann 12,5 mM. Der andere Zylinder enthält 25 Millimol pro Liter. Wenn beide ein Gleichgewicht mit dem 5%igen CO_2 erreicht haben, wird der Farbunterschied demonstriert. Dann können 6,2 ml n HCl der alkalischeren Lösung zugesetzt, und nach Anstellen der Begasung kann die allmähliche Farbänderung betrachtet werden.

Jetzt wollen wir durch die beiden Lösungen aus einer Gasflasche ein Gemisch perlen lassen, das 5% CO_2 enthält. Wenn der atmosphärische Druck 760 mm beträgt, hat das durch die Lösung perlende Gas einen CO_2-Druck, der 5% von (760—25) mm Hg entspricht, wenn wir für den Wasserdampf einen Druck von 25 mm annehmen. Daraus ergibt sich ein CO_2-Druck von etwa 37 mm Hg.

Wir bemerken, daß die beiden Salzlösungen ihre tiefrote Farbe verlieren und zwei verschiedene Orangetöne annehmen, sobald sie ein Gleichgewicht mit dieser Gasphase erreichen. Die erste Lösung kommt auf einen pH von 7,4. So gehen wir tatsächlich vor, wenn wir einen Bicarbonat-Kohlensäurepuffer vom pH 7,4 herstellen. Wir können die so bereitete Lösung gut als Medium zur Inkubation verschiedener Zellen verwenden, wenn wir celluläre Vorgänge studieren wollen. Nach der Henderson-Hasselbalchschen Gleichung können wir berechnen, daß die Kohlensäurekonzentration $^1/_{20}$ des Bicarbonatspiegels betragen muß, d. h. er muß 1,25 millimolar sein. Unser Zylinder, durch den Gas perlt, ist so ein Modell unserer Körperflüssigkeiten, wie diese wird er unter einem sehr hohen CO_2 gehalten.

Wenn wir für dieses System noch einmal daran erinnern,

$$pH = 6{,}1 + \log\frac{[HCO_3^-]}{f \cdot P_{CO_2}},$$

welchen pH werden wir dann für den zweiten Zylinder mit einer halb so großen Bicarbonatkonzentration erhalten? Hier können wir uns an einen der Markstein auf unserer pH-Skala erinnern. Wenn wir die A^--Konzentration halbieren, werden wir die Wasserstoffionenkonzentration verdoppeln und den pH um den log 2 oder um 0,3 verkleinern. Folglich ist unsere zweite Lösung ein Puffer von pH 7,1.

Nun wollen wir mit einer Pipette soviel HCl in den ersten Zylinder geben, daß die Hälfte des Bicarbonates in Kohlensäure umgewandelt wird. Jetzt ist

$$pH = 6{,}10 + \log\frac{12{,}5}{13{,}75}$$
$$pH = 6{,}10 - 0{,}04 = 6{,}06.$$

Die gelbe Farbe der Lösung bestätigt, daß wir den pH tatsächlich unter den Umschlagsbereich des Phenolrot-Indikators gebracht haben. Wäre das HCO_3^-/H_2CO_3-System ein normales Puffersystem, dann würde sich nichts weiter ändern, und unser Modell hätte sozusagen eine verhängnisvolle Acidose.

Diese neue Kohlensäurekonzentration ist jedoch wesentlich höher, als daß sie bei dem CO_2-Druck unserer strömenden Gasphase weiter bestehen könnte. Deshalb zerfällt die Kohlensäure, und das überschüssige CO_2 wird hinausgeschafft, und in einigen Minuten kehrt die Kohlensäurekonzentration zu ihrem ursprünglichen Wert zurück. Welcher pH besteht jetzt?

Sie werden sehen, daß wir nur die Bicarbonatkonzentration halbiert haben, ohne gleichzeitig den Kohlensäurespiegel zu verändern, und daß der pH deshalb 7,1 sein muß. Die erste und die zweite Lösung sind jetzt tatsächlich identisch, und man sieht, daß sie dieselbe Farbe angenommen haben.

(Sind Sie verwirrt, daß wir ein CO_2 *enthaltendes Gasgemisch zur Entfernung von CO_2 aus dieser Lösung* verwenden? Dies ist ein weiteres Beispiel — man sollte gründlich darüber nachdenken — dafür, daß die Gesetze der Verteilung *quantitative* Gesetze sind. Beachten Sie, daß ein ähnliches CO_2-haltiges Gasgemisch in unseren Lungenalveolen dazu dient, das *Stoffwechsel*-CO_2 aus unserem Körper zu entfernen.)

Vergleich unseres Demonstrationsmodells mit dem lebenden Organismus. Aufgrund dieser besonderen Eigenschaft des Puffersystems wurde der pH auf 7,1 zurückgebracht und blieb nicht wie bei einem gewöhnlichen Puffer bei pH 6,1. Können Sie vorschlagen, wie man unsere Lösung im Zylinder auf einen pH von 7,4 zurückbringen könnte, außer durch Öffnen des Zylinders und Zugabe von NaOH oder $NaHCO_3$?

Was würde geschehen, wenn wir das Gasgemisch mit 5% CO_2 durch ein anderes ersetzten, das 2,5% CO_2 enthält? Dann hätten wir die Bicarbonatkonzentration halbiert und auch die Kohlensäurekonzentration; entsprechend der Henderson-Hasselbalchschen Gleichung wäre unser pH wieder wie ursprünglich 7,4.

Der lebende Organismus geht bei der Korrektur der Acidose *noch weiter* als unser Modell: Über die Ausscheidung der neu gebildeten Kohlensäure als CO_2 hinaus erniedrigt das Tier den CO_2-Druck in Alveolen und Blut; dies erreicht es, indem es solange tiefer atmet, wie der pH unter dem Normalwert liegt, und dabei die Alveolarluft schneller mit der atmosphärischen mischt. Diese Reaktionsweise wurde sorgfältig untersucht; sie zielt *nicht* darauf ab, den pH ganz zurück auf 7,4 zu bringen und damit der Vorstellung der Lehrbücher von einer *vollständig kompensierten Acidose* zu genügen. Wäre dies das Ziel der Atmungszentren, dann bedeutete es, daß sie ausschließlich auf den pH reagierten und das Entstehen eines höchst *abnormen* CO_2-Druckes zuließen, nur um einen *normalen* pH zu erhalten. Statt dessen antwortet der Organismus, als sei er fast gleich empfindlich für *erniedrigten* pH wie für einen *erniedrigten* CO_2-Druck, er stellt als Kompromiß einen *etwas erniedrigten* pH und einen *etwas erniedrigten* CO_2-Druck her. Deshalb findet man nicht häufig eine Acidose, die von einem normalen pH begleitet ist.

Wurde in unserem Modell durch die demonstrierten Reaktionen wieder eine normale Lage hergestellt? Könnte es die gleiche Säuremenge noch einmal abfangen? Durch Messung der Bicarbonatkonzentration (jetzt auf 12,5 Millimol pro Liter reduziert) können wir feststellen, was der Organismus als bleibende Reserve gegen Säure behält. Deshalb verwendet man die Serumbicarbonatkonzentration als Maß für die Reserve, die zur Abwehr von Säure vorhanden ist, was zu der Bezeichnung

Alkalireserve für diese Konzentration führte. Dieser eigentümliche Ausdruck hat hauptsächlich historisches Interesse. In unserem Modell stellt die Bicarbonatkonzentration die *Gesamt*reserve gegen Acidose dar; im lebenden Organismus ist sie das nicht. Hämoglobin hat eine erhebliche Bedeutung, ebenso wie die Proteine und Phosphorsäureester der Gewebe. Man glaubt jedoch, daß der Bicarbonatspiegel vielleicht als *Hinweis* auf die Größe der gesamten Reserven aller Art dienen kann.

Zusammenfassung in einzelnen Schritten. Abb. 8.2 stellt die Reaktion eines Tieres auf eine Säureinjektion schrittweise dar. Wie in der Henderson-Hasselbalchschen Gleichung wird die Konzentration der

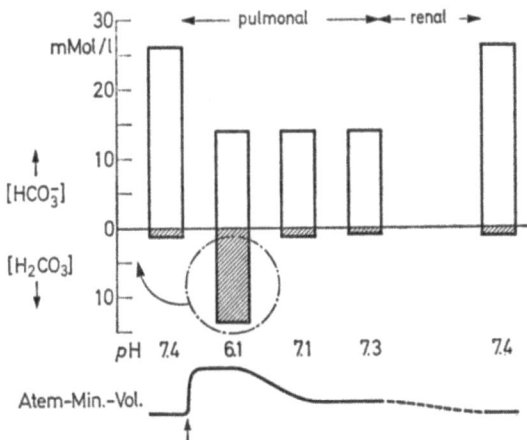

Abb. 8.2. Pulmonale Reaktion auf das Eindringen von Säure (nicht Kohlensäure), Darstellung in einzelnen Schritten. Beim Pfeil wird, so wollen wir annehmen, soviel Säure verabreicht, daß etwa die Hälfte des HCO_3^- in H_2CO_3 umgewandelt wird. (Gleichzeitig nehmen auch andere Pufferanionen H^+ auf.) Es kommt zu einer explosionsartigen Steigerung der Atmung, so daß das neugebildete H_2CO_3 als CO_2 ausgetrieben und der hypothetische pH von 6.1 (zweite Stufe) nie erreicht wird. Die dritte Stufe zeigt das vorübergehende Bild, wenn der P_{CO_2} auf einen normalen Wert zurückgekehrt ist. Die Atmungsfrequenz bleibt aber solange erhöht, bis der P_{CO_2} an einem subnormalen Punkt angelangt ist, wodurch der pH noch näher an den Normalwert herangebracht wird. Bis jedoch renale Aktivität den Bicarbonatspiegel wieder normalisieren kann (fünfte Säule), vermag der pH seinen Normalwert nicht zu erreichen

Bicarbonationen oberhalb, die der Kohlensäure unterhalb der Nullinie wiedergegeben. Es wird eine Säuremenge injiziert, die das normale Verhältnis von vielleicht 26:1,3 Millimolen in eines von, sagen wir, 13,7:13,7 umwandeln soll. Nach der Henderson-Hasselbalchschen Gleichung dürfte sich ein pH von 6,1 ergeben. Die untere Kurve stellt graphisch dar, daß die einverleibte Säure Geschwindigkeit und Volumen der Atmung erheblich steigert, so daß das neue CO_2 schnell ausgetrieben wird und der pH niemals wirklich auf 6,1 abfällt.

Auf der dritten Stufe hat die beschleunigte Atmung die Kohlensäurekonzentration normalisiert. Da $[HCO_3^-]/[H_2CO_3]$ jetzt etwa 10 ist, beträgt der pH 7,1. Soweit konnte auch unser Demonstrationsmodell kompensieren. Doch das Tier atmet nun weiterhin schneller als normal und erreicht Kompensationsstufe 4; diese zeigt, daß die Kohlensäurekonzentration solange auf subnormalem Niveau gehalten wird, bis das Bicarbonat zu seinem normalen Spiegel zurückgekehrt ist.

Grenzen der respiratorischen Kompensation. Die letzte Stufe, Normalisierung der Bicarbonatkonzentration, kann das respiratorische System nicht erreichen. Die Säulendiagramme der Abb. 8.3 geben ein

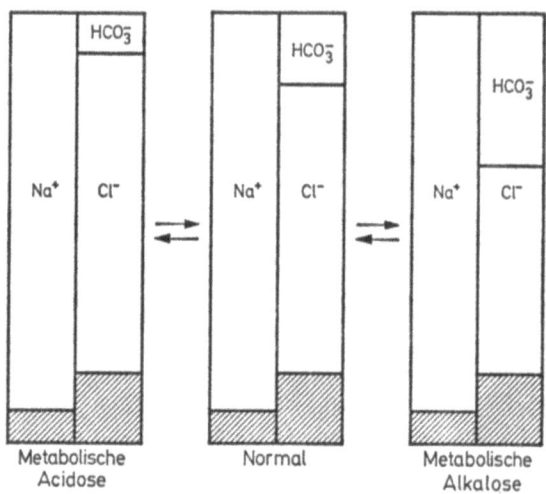

Abb. 8.3. Veränderungen im Elektrolytgerüst nach der Kompensation einer HCl- oder NaOH-Injektion. Im ersten Fall haben Chloridionen den Platz des zerstörten HCO_3^- eingenommen; im zweiten Fall wurde das nach der Reaktion, $OH^- + CO_2 \rightarrow HCO_3^-$, erzeugte HCO_3^- zusammen mit dem injizierten Na^+ der Säule zugefügt. Anpassungen der Wasserausscheidung verkleinern die Veränderung der Gesamthöhe der Säulen. Wiederherstellung eines normalen Bildes macht renale Anpassungen der Na^+- und Cl^--Ausscheidung erforderlich

Bild davon, welche Veränderungen unsere Injektion im Elektrolytgerüst der extracellulären Flüssigkeit hervorgerufen hat. Die injizierten Wasserstoffionen haben die Bicarbonatkonzentration um 12,5 Millival/l vermindert, und das injizierte Chloridion hat dessen Platz eingenommen. Es ist nicht vorstellbar, daß wir die Bicarbonatkonzentration wieder normalisieren, ohne die überschüssigen Chloridionen (mit Rücksicht auf Na^+) auszuscheiden, was die Lungen jedoch nicht können. Wenn man es genau nimmt, können die Lungen eigentlich auch das Wasserstoffion nicht *ausscheiden*, wie in Kap. 9 gezeigt werden wird. Die letzte Stufe der Kompensation ist die renale, was ebenfalls in Kap. 9 besprochen wird.

Wenn die Atmung die pH-Veränderung auch *möglichst klein gehalten* hat, so ist doch die Kompensation nicht endgültig. Unser Versuchstier hat überlebt; weiteren, ähnlichen Säurebelastungen kann es jedoch weniger gut widerstehen. Fast alles extracelluläre Bicarbonat kann geopfert werden, bevor eine Acidose tödlich wird. Beachten Sie, daß die Atmungsvorgänge zwar unmittelbar auf das Blut wirken, daß das Bicarbonation aber auch dem viel größeren interstitiellen Flüssigkeitsvolumen verlorenging und vielleicht auch den Zellen, so daß die respiratorische Kompensation keinesfalls nur das Bicarbonat des Blutes betrifft. Bei der Pufferung von Wasserstoffionen spielen celluläre Puffer ebenfalls eine große Rolle. Wahrscheinlich würden die verschiedenen Zellen in noch größerem Ausmaß an der Pufferung teilnehmen, wenn wir anstelle von HCl eine Säure verwendeten, deren Anion leicht in die Zellen dringt. Ist dies nicht der Fall, dann müssen die Wasserstoffionen, die in den Zellen gepuffert werden sollen, ausgetauscht werden, zum Beispiel gegen Zellkalium.

Vergleich mit respiratorischer Acidose. Nehmen wir jetzt einmal an, es käme zur gefährlichen Ansammlung von CO_2. Man atme beispielsweise aus einem Sack immer wieder dieselbe Luft ein, oder die Atmung sei durch Emphysem oder bei einer offenen Thoraxoperation eingeschränkt; kann dann die Ansammlung von Kohlensäure genauso bewältigt werden wie die Injektion von HCl? Die Störung *läßt* ihrer Natur nach eine respiratorische Kompensation *nicht zu*. Unser Bicarbonat-Kohlensäure-Puffer hat wieder die Eigenschaften eines gewöhnlichen Puffers angenommen und damit natürlich den ersten Platz in der Tabelle auf Seite 85 verloren. Daher rückt der *zweit*stärkste Puffer der Tabelle, *Hämoglobin,* an erste Stelle, sofern es um den Blutgastransport und seine Abweichungen geht.

Respiratorische Alkalose. Wir können absichtlich schneller atmen als gewöhnlich und dadurch den Kohlensäuregehalt unserer Körperflüssigkeiten erniedrigen. Eigentlich leben wir unter einer hohen inneren CO_2-Atmosphäre, die durch die Reaktionsweise unserer Atemzentren bei einem willkürlich hohen P_{CO_2} gehalten wird. Die Belüftung unserer Alveolen könnte ohne weiteres viel wirksamer sein als sie ist, dies führte aber dazu, daß das Bicarbonat-Kohlensäure-System als Puffer für unsere Körperflüssigkeiten dann viel weniger geeignet wäre. Da wir in einem inneren Milieu mit einem willkürlich hohen P_{CO_2} leben, können wir eine so hohe HCO_3^--Konzentration haben, daß sie eine leistungsfähige Abwehr gegen H^+ und OH^- darstellt. Die Abwehrreaktionen bei respiratorischer Alkalose entsprechen denen bei respiratorischer Acidose, sie umfassen die Pufferung durch Hämoglobin und durch Puffer der Gewebezellen und die renale Aktivität.

Abwehr einer metabolischen Alkalose. Angenommen, wir injizierten NaOH statt HCl. In der Praxis würden wir gewiß eine besser geeignete alkalisierende Substanz bevorzugen; die verwandte NaOH könnte aber schneller neutralisiert werden, besonders durch Kohlensäure, die der Organismus ständig in riesigen Mengen bildet. Nach der Reaktion, $OH^- + CO_2 \rightarrow HCO_3^-$ wird eine geringe Verlangsamung der CO_2-Ausscheidung dafür sorgen, den Kohlensäurespiegel wiederherzustellen, und als augenfälligste Abweichung bleibt die erhöhte Bicarbonationenkonzentration übrig. Der Spiegel dieses Ions kann sogar verdoppelt werden, bevor die Alkalose gefährlich wird. Nach dem Massenwirkungsgesetz würden wir voraussagen, daß diese Verdopplung die H^+-Konzentration halbieren würde und damit den pH auf 7,7 erhöhen. Dies würde unser unbelebtes Demonstrationsmodell ebenfalls leicht bewerkstelligen, doch wieder geht das lebende Objekt einen Schritt weiter. Die verlangsamte Atmung hält solange an, wie der pH erhöht ist. Dies *vermehrt* den CO_2-Druck in den Alveolen und den Körperflüssigkeiten und schränkt den pH-Anstieg noch weiter ein (verhindert ihn aber nicht völlig).

Entsprechend Abb. 8.3 kann das Versuchstier, wie wir einsehen werden, jede weitere Alkalibelastung viel schlechter abfangen und ist für die Wiederherstellung normaler Verhältnisse auf die Nierentätigkeit angewiesen.

Reziproke Beziehung zwischen Serumbicarbonat und -chlorid. *Säuernde Wirkung von Chlorid?* Ein Blick auf Abb. 8.3 zeigt Ihnen auch, daß der Chloridspiegel abnahm, wenn die Bicarbonatkonzentration zunahm, und umgekehrt. Wenn diese reziproke Beziehung auch mit einer gewissen Wahrscheinlichkeit bei Störungen der Neutralität beobachtet werden kann, so läßt sich doch mit der Serumchloridbestimmung allein, wie früher erwähnt, nur extrem wenig (wenn überhaupt irgend etwas) über den Neutralitätszustand voraussagen. Die Möglichkeit, daß andere Anionen, die sich bei Acidose ansammeln (zum Beispiel Ketoanionen), diese Beziehung zwischen dem Chlorid- und HCO_3^--Spiegel aufheben, ist gewöhnlich zu groß, als daß sie irgendeinen Schluß aus der alleinigen Cl^--Analyse zuließe.

Weil das Serumchlorid dazu neigt anzusteigen, wenn die Konzentration des Bicarbonations herabgedrückt wird, ist man zu der zweifelhaften Vorstellung einer *hyperchlorämischen Acidose* gekommen, was als deskriptiver Begriff befriedigen mag, was aber unterstellen kann, daß das Chlorid die Acidose wirklich *verursacht* hat. Die drei bemerkenswerten analytischen Endergebnisse der HCl-Injektion in dem hypothetischen Demonstrationsversuch dieses Kapitels waren:

1. Halbierung der Bicarbonatkonzentration.
2. Der Anstieg der Chloridkonzentration um ebensoviele Milliäquivalent.
3. Die Verdopplung der Wasserstoffionenkonzentration (wenn man die anhaltend beschleunigte Atmung mit berücksichtigt, weniger als Verdopplung).

Die Frage, ob die zugegebenen Wasserstoff- oder die Chloridionen diese Effekte verursacht haben, können wir am besten klären, wenn wir anstelle von HCl etwa die Wirkungen von NaCl und HBr unter-

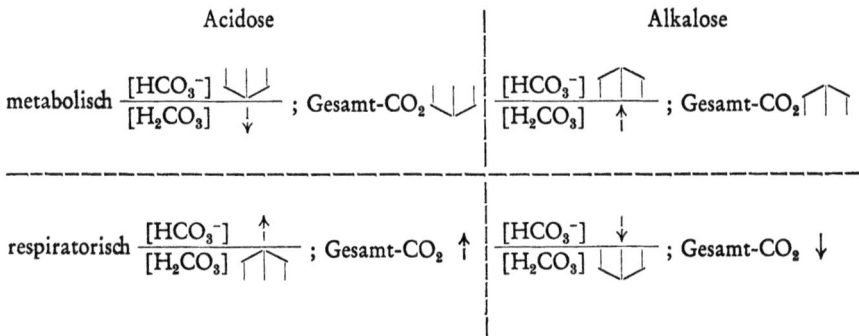

Abb. 8.4. Primäre und sekundäre Veränderungen im Bicarbonat-Kohlensäure-Puffersystem, die für verschiedene Arten von Störungen des Säure-Basen-Gleichgewichtes kennzeichnend sind. Beachten Sie, daß das Gesamt-CO_2 weder bei Acidose immer absinkt, noch bei Alkalose stets ansteigt

suchen. Danach ist offenbar H^+ mit seinen besonderen Eigenschaften verantwortlich. Weil Chloridionen vielleicht häufiger bestimmt wurden als Wasserstoffionen, blieb die Kausalität hier nicht immer klar. Das Problem wird in Kap. 10 noch einmal überdacht werden.

Ist der CO_2-Gehalt des Serums (oder die CO_2-Kapazität des Serums) ein Maß für das Säure-Basen-Gleichgewicht? Abb. 8.4 versucht die Veränderungen des Bicarbonat-Kohlensäure-Puffersystems im Serum bei Störungen der Neutralität zusammenzufassen.

Bei metabolischer Acidose reagiert das hinzukommende Wasserstoffion mit dem Bicarbonation, so daß dessen Konzentration primär abnimmt (dargestellt durch den breiten Pfeil). Durch die Atmung kommt es dann zu einer sekundären, geringeren Abnahme des Kohlensäurespiegels, wiedergegeben durch den unterbrochenen Pfeil. Weil der Zähler mehr abgenommen hat als der Nenner, muß der pH niedriger werden. In diesem Fall muß das GesamtCO_2 deutlich *vermindert* sein. Die Bestimmung des CO_2-Gesamtgehaltes ist eine gängige und wertvolle Laboratoriumsmethode. Dabei wird das Serum angesäuert und alles CO_2 als Gas ausgetrieben und gemessen.

Entsprechend ist bei der metabolischen Alkalose das Bicarbonation primär vermehrt, während sich die Kohlensäurekonzentration sekundär und in geringerem Ausmaß erhöht. Insgesamt beeinflußt dies den CO_2-Gehalt im Sinne einer *Erhöhung*.

Weil man den metabolischen Störungen des Säure-Basengleichgewichtes mehr Aufmerksamkeit zugewandt hatte, entstand die folgende Gedankenverbindung: Hoher CO_2-Gehalt bedeutet Alkalose, niedriger CO_2-Gehalt Acidose. Denken Sie dagegen an die Veränderungen bei den respiratorischen Störungen: Bei der respiratorischen Acidose sind Retention von CO_2 und Erhöhung der Kohlensäurekonzentration die *primäre* Ursache. Wie könnte kompensatorisch die pH-Abweichung vermindert werden, zu der die Kohlensäureansammlung geführt hat? Welches Organ könnte die Bicarbonatkonzentration der extracellulären Flüssigkeit ansteigen lassen? Bei respiratorischer Alkalose ist umgekehrt der Nettoverlust an Kohlensäure infolge Hyperventilation *primär*, und jedes Kompensationsbestreben würde sekundär die Konzentration der Bicarbonationen vermindern.

Halten Sie fest: Insgesamt ist die Änderung im CO_2-Gehalt *abwärts* gerichtet sowohl bei metabolischer *Acidose* als bei respiratorischer *Alkalose* und *aufwärts* bei metabolischer *Alkalose* wie bei respiratorischer *Acidose*. Auf die Zusammengehörigkeit von niedrigem CO_2-Gehalt und Acidose kann man sich also nicht verlassen. Was das Wesen von Säure-Basenstörungen angeht, wurden einige historisch begreifliche aber irrige Schlüsse gezogen, weil man *allein* den Serum-CO_2-Gehalt (oder die -Kapazität) als Probe auf das Säure-Basengleichgewicht heranzog.

Abbildung 8.4 kann als kurze Zusammenfassung über die Natur der verschiedenen Neutralitätsstörungen dienen.

Wie bestimmt man denn nun das Säure-Basen-Gleichgewicht? Abbildung 8.5 gibt CO_2-Absorptionskurven wieder, die für Blut gelten, wie in Kap. 6 beschrieben. Diese Kurven zeigen, wieviel CO_2 das Blut bei verschiedenen CO_2-Drucken aufnimmt. Daß Vollblut viel mehr aufnimmt als eine Salzlösung, wurde erwähnt; die Abbildung zeigt auch, daß reduziertes Blut mehr aufnimmt als oxygeniertes. Eine pH-Skala wurde der Zeichnung auf folgender Grundlage zugefügt: Die Beziehung zwischen dem CO_2-Druck und dem CO_2-Gehalt ist durch die Henderson-Hasselbalchsche Gleichung gegeben:

$$pH = pK' + \log \frac{[HCO_3^-]}{[H_2CO_3]} .$$

Diese Gleichung kann in eine Form umgewandelt werden, die leichter zu messende Größen enthält:

$$pH = 6{,}1 + \log \frac{[\text{Gesamt-}CO_2 - f \cdot P_{CO_2}]}{f \cdot P_{CO_2}} .$$

$f \cdot P_{CO_2}$ gleicht, wie Sie sehen, der Kohlensäurekonzentration. In dieser Form läßt sich die Gleichung auf Serum anwenden, das aus Vollblut gewonnen wurde, welches vorher mit einem bestimmten CO_2-Druck ins Gleichgewicht gebracht worden war; dies ist das sogenannte wahre Serum. Bei der Analyse von Vollblut würde eine dritte Form des CO_2 einbezogen, die die Untersuchung komplizieren würde.

Ein gegebenes Verhältnis zwischen dem gesamten CO_2 und dem P_{CO_2} entspricht einem festen pH, was sich bei genauerem Hinsehen bestätigt. Für einen Wert von 21 für das gesamte CO_2 und von 1 für $f \cdot P_{CO_2}$ ergibt sich ein Verhältnis HCO_3/H_2CO_3 von 20 und ein pH von 7,4. Das gleiche Verhältnis und damit der gleiche pH finden sich bei einem Wert von 10,5 für das gesamte CO_2 und von 0,5 für $f \cdot P_{CO_2}$. Folglich entspricht jede schräge Linie einem bestimmten pH, wie bezeichnet.

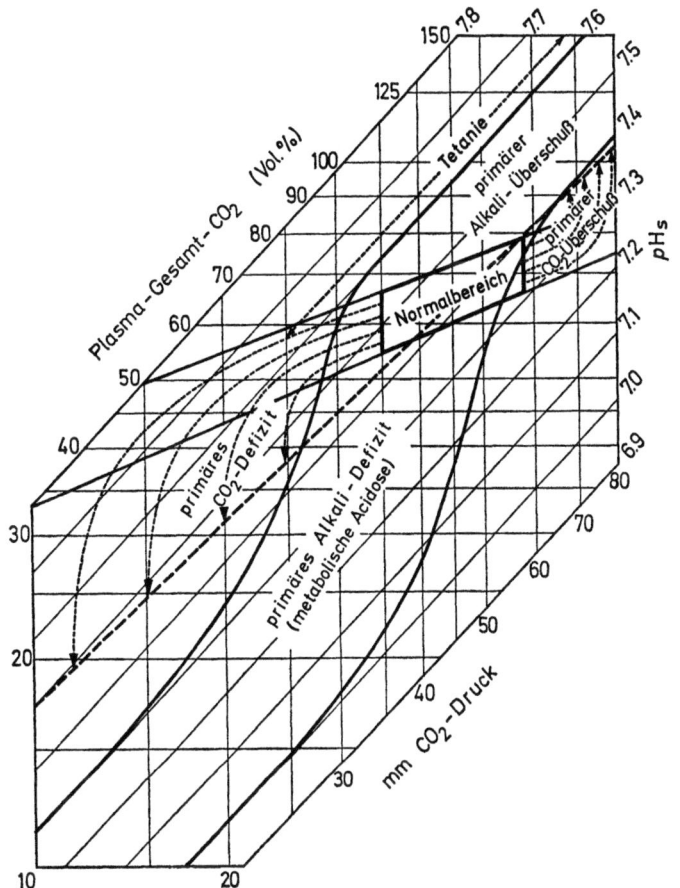

Abb. 8.5. Reaktionsweisen auf Abweichungen von der Neutralität. Im Gegensatz zu Abb. 6.10 sind Plasma-CO_2-Gehalt und P_{CO_2} hier logarithmisch aufgetragen, wodurch erreicht wird, daß die Linien, die einem konstanten pH entsprechen, parallel werden. Zur Umrechnung von Volumenprozent auf Milliomol pro Liter dividieren Sie durch 2,22. (Aus: Peters u. Van Slyke: Quantitative Clinical Chemistry. Vol. I. Interpretations. Baltimore 1935, S. 944)

Wir haben somit eine Abbildung mit drei Skalen, nämlich dem *gesamten CO_2-Gehalt*, dem pH und dem *CO_2-Druck*. Wenn wir nur zwei davon für das Serum eines Patienten kennen, haben wir die Größen, die in Abb. 8.4 erfaßt sind, bestimmt, und wir haben einen Punkt dieser Skizze festgelegt. Definitionsgemäß haben wir damit das Säure-Basengleichgewicht des Patienten bestimmt. Zu jeder Art der Störung im Säure-Basen-Gleichgewicht gehört ein bestimmtes Feld, das wir im einzelnen schon durch die Erläuterungen der Abb. 8.4 umrissen haben. Bei metabolischer Acidose, zum Beispiel, ist die Abnahme an Bicarbonat größer, die an Kohlensäure kleiner. Da der größte Teil der gesamten Kohlensäure als Bicarbonat vorliegt, bedeutet dies ein stärkeres Absinken der Bicarbonationenkonzentration als des CO_2-Druckes. Diese Angaben legen uns auf ein Feld mit erniedrigtem pH fest, wie in der Skizze eingezeichnet. In ähnlicher Weise können wir Felder finden, die metabolischer Alkalose, respiratorischer Acidose und respiratorischer Alkalose entsprechen. Wie die Entwicklung bestimmter Störungen im menschlichen Organismus vorzugsweise verläuft, wurde von van Slyke und seinen Schülern und von Hastings und Shock sorgfältig eingetragen.

Von den drei Analysen wählt man gewöhnlich den CO_2-Gehalt und den pH zur Festlegung eines Punktes aus; diese beiden gemeinsam zu bestimmen, stellt eine Standardmethode bei der Untersuchung des Säure-Basen-Gleichgewichtes dar.

Bestimmungen des pH waren bisher im klinischen Laboratorium jedoch nicht allgemein eingeführt. Obschon sie vergleichsweise einfach sind, ist es nötig, das Blut sehr sorgfältig zu behandeln und die gesamte Ausrüstung instand zu halten, um die erforderliche Genauigkeit zu erreichen.

Vor einigen Jahrzehnten wurde vorübergehend der Gedanke vertreten, später aber wieder abgelehnt, die Notwendigkeit, zwei Untersuchungen zu machen, könne durch einen Kunstgriff umgangen werden: Danach sollte man das Blut des Patienten auf einen festen, normalen CO_2-Druck bringen, um dann den CO_2-Gehalt, der sich unter diesen Bedingungen eingestellt hat, zu messen. Mit dieser Analyse wird die sogenannte CO_2-*Kapazität* oder das CO_2-*Bindungsvermögen* bestimmt. Man vermutete, daß durch solches Vorgehen die Einflüsse respiratorischer Störungen aufgehoben würden, weil das Blut des Patienten dabei auf einen normalen P_{CO_2} gebracht werde. Deshalb sollten wohl nur metabolische Störungen beobachtet werden, Acidose mit einer verminderten, Alkalose mit einer erhöhten CO_2-Kapazität. Zugleich würde wahrscheinlich die Bestimmung des pH und die Notwendigkeit, das Blut anaerob zu behandeln, umgangen. (Es ist natürlich kein Vorteil, daß respiratorische Störungen der Neutralität außerhalb des Gesichtskreises dieser Methode liegen.)

Eine CO_2-Ansammlung, zu der es durch minutenlanges Wiedereinatmen der gleichen Luft gekommen ist, läßt sich durch diesen Kunstgriff zweifellos aufheben. Aber eine länger bestehende respiratorische Acidose führt zu einer kompensatorischen Erhöhung der Bicarbonatkonzentration, die durch Veränderung des P_{CO_2} nicht beseitigt wird. Der CO_2-Kapazität seines Blutes nach scheint daher ein solcher Patient *alkalotisch* zu sein. Im umgekehrten Sinn kann man sich bei chronischer Hyperventilation täuschen.

Infolgedessen erfüllt der Kunstgriff, das Blut vor der CO_2-Analyse auf einen normalen CO_2-Druck zu bringen, nicht den Zweck, für den er ersonnen war. Eine Abwandlung des Verfahrens ist es, *das Serum* von dem Blut, welches ohne anaerobe Vorkehrungen behandelt worden war, *abzutrennen* und dieses *Serum* einem normalen P_{CO_2} auszusetzen. Solches Blut hat CO_2 auf einem Weg verloren, der der unteren von den beiden gekrümmten Linien in der Abb. 8.5 entspricht. Wenn das abgetrennte *Serum* wieder auf einen normalen alveolären P_{CO_2} gebracht wird, gewinnt es CO_2 zurück aber nicht entsprechend diesem gekrümmten Verlauf sondern entlang einer etwas mehr horizontalen Linie, die die CO_2-Aufnahme von Serum beschreibt, was zu einem niedrigeren CO_2-Gehalt und zu einem niedrigeren pH führt als bei korrektem Vorgehen. Diese Methode ist nicht vertretbar. Je größer der CO_2-Verlust bei der Vorbehandlung des Blutes ist, desto schwerer wird der Fehler sein.

Die Bestimmung des CO_2-Gehaltes umgeht die Mehrdeutigkeit der CO_2-Kapazität. Die Notwendigkeit, zugleich mit dem CO_2-Gehalt den pH zu bestimmen, kann sich durch bereits vorliegende andere Kenntnisse über den Patienten erübrigen; so kann zum Beispiel bekannt sein, daß er Diabetiker ist. Wenn man jedoch das *Säure-Basengleichgewicht* genau festlegen will, sind sowohl CO_2- als auch pH-Bestimmungen erforderlich.

Diese Methode legt großes Gewicht auf das Bicarbonation als einen Wasserstoffionenacceptor im Blut. Wir müssen zugeben, daß sich auch andere Wasserstoffionenacceptoren des Blutes anbieten, vor allem Hämoglobin. Die Veränderungen des Bicarbonatspiegels dienen nur als Hinweis auf die gesamte H^+-Beladung, die vom Blut bewältigt wird. Es wurden Versuche unternommen, diese Überbetonung des Bicarbonations zu berichtigen. Einer davon ist die Schätzung der *Blutpufferbasen* nach Singer und Hastings; ein weiterer ist die Schätzung des Blut-*Basendefizits* nach Astrup und seinen Mitarbeitern. Bei der zuletzt genannten Größe erhält man positive Werte für Acidose und negative für Alkalose; man schätzt damit den Schwund (oder Zuwachs) an Wasserstoffionenacceptoren, der sich jeweils aus einem Überschuß (oder Mangel) an Wasserstoffionen ergeben hat.

Zweifellos wird sich sowohl der Begriff als auch die Messung des *Basendefizits* als nützlich erweisen. Wir sollten aber daran denken, daß ein Wert für den H^+-Überschuß, den das Blut auffängt, wieder nur ein Hinweis darauf ist, wieviel die gesamte extracelluläre Flüssigkeit bewältigt, und nicht einmal ein zuverlässiger Hinweis darauf, wie groß dieser Überschuß im gesamten Körper ist. Dann werden wir wohl bereit sein, einen repräsentativen Hinweis anzuerkennen, und nicht auf einem bestehen, der Rechenschaft über jedes H^+ abzulegen sucht, das vom Blut oder der gesamten extracellulären Flüssigkeit aufgefangen wird.

9. Das Schicksal des Wasserstoffions in der Niere

Vorläufigkeit als Wesen der respiratorischen Kompensation. Als wir das Säulendiagramm der Serumelektrolyte bei metabolischer Acidose (Kap. 8) betrachteten, wurde uns klar, daß die Lungen unfähig sind, die acidotische Zusammensetzung in eine normale zu verwandeln. In dem Beispiel der Abb. 8.3 hatte Chlorid einen Teil des Bicarbonates ersetzt. Wir waren uns einig: Das im Verhältnis zu Na^+ zusätzliche Chlorid mußte für die Wiederherstellung eines normalen HCO_3^--Spiegels ausgeschieden werden. Cl^- kann jedoch nicht allein den Körper verlassen.

So muß die Niere tatsächlich nicht nur das Cl^- sondern auch die gesamte injizierte H^+-Dosis ausscheiden. Diese Wasserstoffionen sind durch die Lungen in Wirklichkeit nicht ausgeschieden worden; man könnte eher sagen, sie seien *in den Hintergrund gedrängt* worden. Ein großer Teil davon verschwand durch die Reaktion:

$$H^+ + HCO_3^- \rightleftarrows H_2CO_3 \rightleftarrows CO_2 + H_2O \, .$$

Um den HCO_3^--Spiegel wieder zu normalisieren, müssen wir HCO_3^- durch Umkehr dieser Reaktion regenerieren und dafür etwas von unserem Stoffwechsel-CO_2 verwenden. Dabei erhalten wir aber für jedes HCO_3^-, das wir regenerieren, wieder ein Wasserstoffion!

Folglich hat die Niere *uneingeschränkt die Aufgabe*, das verabfolgte HCl auszuscheiden. Die Lungen haben zwar die unmittelbare Gefahr abgewendet, sie haben aber nicht damit begonnen, das überschüssige H^+ wirklich zu eliminieren.

Wie können die Nieren H^+ ausscheiden?

I. Durch Säuerung des Urins. Der Urin kann bis zu einem pH von 4,5 gesäuert und fast bis pH 8 alkalisiert werden. Das bedeutet, die Zellen der Nierentubuli können Wasserstoffionen bis auf das 800fache ihres Plasmaspiegels konzentrieren, was aber im Vergleich zu der Leistung der Magendrüsen nicht sehr eindrucksvoll ist!

Könnten die Nieren einen Urin vom pH 1 produzieren, dann würden in jedem Liter Urin 100 Milliäquivalent H^+ ausgeschieden. Ähnlich hätten wir:

Bei pH 2,0 ... 10 Milliäquivalent H^+ pro Liter

Bei pH 3,0 ... 1 Milliäquivalent H^+ pro Liter

Bei pH 4,0 ... 0,1 Milliäquivalent H^+ pro Liter

Bei pH 4,5 ... 0,03 Milliäquivalent H^+ pro Liter

Ein bekanntes Experiment ist es, einer normalen Person 10 g NH$_4$Cl zu verabfolgen, was etwa 180 Milliäquivalent H$^+$ liefert. Wären wir von der gegebenen Ausscheidungsgeschwindigkeit bei pH 4,5 abhängig, dann müßten 6000 Liter Urin ausgeschieden werden, um den resultierenden H$^+$-Überschuß zu eliminieren. Es fällt auf, wie wenig freies H$^+$ ausgeschieden werden kann, obwohl die Nieren in der Lage sind, den pH des Urins auf 4,5 zu erniedrigen.

Die Fähigkeit unserer Nieren, den Urin zu säuern, ist nur deshalb wirkungsvoll, weil im Urin normalerweise Stoffe gelöst sind, die H$^+$ binden, wenn die H$^+$-Konzentration von 0,000 000 04 auf 0,000 032 n erhöht wird. Wenn ein Lösungsbestandteil in diesem Sinne wirksam sein soll, müßte auf den ersten Blick wenigstens ein Teil seiner Titrationskurve im Bereich zwischen pH 4,5 und 8 liegen. Die wichtigsten Lösungsbestandteile, die dieser Forderung genügen, sind die Phosphat- und Bicarbonationen.

Eine einfache Demonstration soll dies noch einmal beleuchten: Angenommen, wir stellen eine künstliche Urinprobe her, indem wir zu einem Liter Wasser etwas Bromkresolgrün (pK′ = 4,7) geben. Wenn wir wollen, können wir auch noch geeignete Mengen NaCl, KCl, Harnstoff u. a. hinzufügen. Versuchen wir jetzt, diese „Urinprobe" mit n HCl zu titrieren, dann merken wir an der Farbänderung, daß ein Tropfen der HCl den pH bereits unter die mögliche Grenze von 4,5 erniedrigt.

Beitrag von Phosphat. Wir wollen jetzt jenem „Urin" die Phosphatmenge zusetzen, die ein Erwachsener normalerweise auf diesem Wege pro Tag ausscheidet. Das sind etwa 40 Millimol oder 1,2 g P. Bliebe der pH während der Urinbildung unverändert, dann läge das Phosphat zu rund 80% als HPO$_4^{--}$ und zu 20% als H$_2$PO$_4^-$ vor. Wir wollen deshalb dem künstlichen Urin 32 Millimole (4,5 g) Na$_2$HPO$_4$ und 8 Millimole (0,96 g) NaH$_2$PO$_4$ zufügen. Wenn wir jetzt erneut zu titrieren versuchen, werden wir feststellen, daß wir eine große Menge HCl (genau 32 ml) zugeben können, ehe der pH unter den Grenzwert von 4,5 herabgeht. Offenbar hat die erhöhte Wasserstoffionenkonzentration zu folgender Reaktion geführt:

$$HPO_4^{--} + H^+ \rightarrow H_2PO_4^-.$$

Die Titrationskurve von Phosphat ist so gelegen, daß einerseits praktisch das gesamte Phosphat als H$_2$PO$_4^-$ ausgeschieden werden kann und andererseits bis zu 90% davon als HPO$_4^{--}$. Diese Variationsbreite trägt wesentlich dazu bei, daß wir die Elimination von H$^+$ anpassen und dadurch den Körpervorrat konstant halten können.

(Die Niere säuert den Urin gewiß nicht auf die gleiche Weise, wie wir es vorgeführt haben, d. h. durch Zufügen einer konzentrierten Säure HX. Sehr wahrscheinlich konkurriert das Wasserstoffion mit K$^+$ um die Ausscheidung im distalen Tubulus, noch mehr, beide konkurrieren um den Austausch gegen Na$^+$. Dies schließt ein, daß die Natriumresorption unentwirrbar in einem Mechanismus mit der H$^+$- oder K$^+$-

Abgabe verflochten ist. Es wäre gut denkbar, daß die drei am gleichen Carrier eine einzige Position austauschbar besetzen, doch fehlt dafür noch ein direkter Beweis, es sei denn vielleicht bei der Hefe (Conway). Im Verhältnis zu dem Hauptanteil der distalen Na^+-Rückresorption scheint die K^+-Ausscheidung nach der Methode der „stop-flow"-Analyse etwas weiter distal lokalisiert zu sein.)

Wenn die Wasserstoffionen konzentrativ in das Lumen befördert werden, ist ihr sehr niedriger Plasmagehalt bald erschöpft, sie können jedoch durch Reaktionen, wie

$$CO_2 + H_2O \rightleftarrows H_2CO_3 \rightleftarrows H^+ + HCO_3^-$$

nachgeliefert werden. Folglich bringen wir den Plasma-HCO_3^--Spiegel auf seinen ursprünglichen Wert zurück, wenn H^+ ausgeschieden wird. Daß die Carboanhydrase-Hemmer (wie Acetazolamid oder *Diamox*) die Säuerung des Urins wirksam verhindern können, wird verständlich, wenn man sich diese Reaktion ansieht; ist die Reaktion verlangsamt, dann kann diese H^+-Quelle unzulänglich sein. Den Mechanismus, nach dem die Wasserstoffionen konzentriert werden, haben wir damit jedoch nicht erklärt; er ist unbekannt. Die erhöhte Wasserstoffionenkonzentration im Lumen bringt es mit sich, daß das H^+ an HPO_4^{--} und andere Pufferanionen gebunden wird.

Bicarbonat. Ein anderer Lösungsbestandteil, der seinen Dissoziations- und Ladungszustand im Bereich zwischen pH 4,5 und 7,8 variiert, ist das Bicarbonat-Kohlensäure-System. Wie bisher verhält sich dieses Puffersystem auch hier andersartig als die gewöhnlichen Puffer.

Ein Urin, der bei pH 7,4 ausgeschieden wird, mag ungefähr eine so hohe Bicarbonatkonzentration haben wie das Plasma (Abb. 9.1). Der CO_2-Druck kann ebenfalls nicht viel höher sein als der im Plasma. Wenn nun die tubuläre Aktivität den pH auf 6,1 senkt, möchte man meinen, das ursprünglich insgesamt vorhandene CO_2 würde sich gleichmäßig zwischen HCO_3^- und H_2CO_3 aufteilen. Dies würde eine H_2CO_3-Konzentration von 15 Millimol/l bedeuten, die einem CO_2-Druck von fast 500 mm entspräche! Das harnbereitende System ist nicht so gebaut, daß es einen solchen CO_2-Druck aufrecht erhalten könnte; statt dessen diffundiert anscheinend die neugebildete Kohlensäure durch die Tubuluszellen als CO_2 zurück, und wir haben schließlich kleine, wenn auch nicht konstante Kohlensäurekonzentrationen im Urin, ganz gleich, welcher pH vorliegt.

Wenn wir gemäß diesem Kohlensäureniveau den HCO_3^--Spiegel für verschiedene pH-Werte berechnen, können wir grob erkennen, wie sich die Bicarbonatausscheidung mit dem pH verändert. Man kann zum Beispiel sehen, daß dieser Lösungsbestandteil unterhalb von pH 7,0 nur eine kleinere Rolle spielt. Oberhalb von pH 7,4 steigt jedoch die HCO_3^--Ausscheidung schnell an und wird damit zu einem wirksamen Faktor für den Ausgleich eines erhöhten Bicarbonatspiegels bei der metabolischen Alkalose.

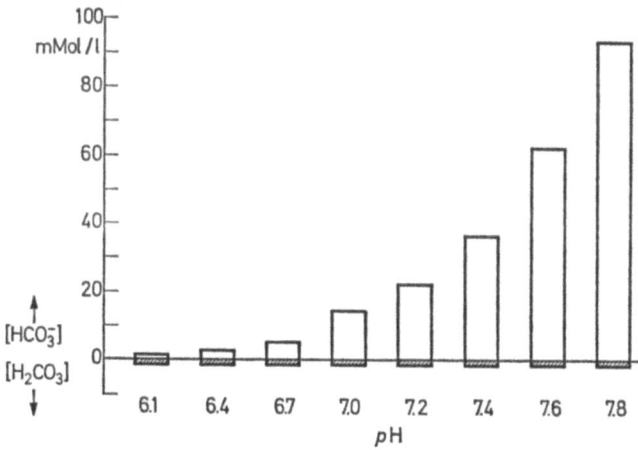

Abb. 9.1. Verhalten des Bicarbonat-Kohlensäuresystems im Urin bei Veränderungen des pH. Obere Grenzen sind dem P_{CO_2} gesetzt und damit der [H_2CO_3], die aufrechterhalten werden kann. Die Bicarbonatkonzentration, die zu diesem Kohlensäurespiegel im Gleichgewicht stehen kann, ist durch die Henderson-Hasselbalchsche Gleichung bestimmt

Warum die Ausscheidung eines Teiles unseres Stoffwechsel-CO_2 als Bicarbonat tatsächlich eine Alkalose oder ein Wasserstoffionendefizit bekämpft, läßt sich von einem ähnlichen Gesichtspunkt her begreifen: Kein Molekül des Stoffwechsel-CO_2 hat einen Nettoeffekt auf den Wasserstoffionenbestand, sofern es als CO_2 ausgeschieden wird; doch jedes in Form des HCO_3^- ausgeschiedene hinterläßt ein vereinsamtes H^+ im Organismus, das durch Regeneration von CO_2 nicht mehr eliminiert werden kann.

In der Tubuli wird wahrscheinlich nicht Bicarbonat selbst sondern CO_2 rückresorbiert, das in ihnen nach der folgenden Reaktion gebildet wird:
$$HCO_3^- + H^+ \rightarrow CO_2 + H_2O.$$

Dieser Schluß basiert auf der Tatsache, daß die Bicarbonat-Rückresorption durch den Carboanhydrase-Inhibitor Diamox wirksam gehemmt wird. Daß die Menge des verfügbaren H^+ die Rückresorption von Bicarbonat entscheidend beeinflußt, stützt diese Anschauung.

Die titrierbare Acidität. Dieses wertvolle Untersuchungsverfahren dient dazu, die H^+-Menge zu ermittelt, die durch Säuerung des Urins ausgeschieden wurde. Der 24-Std-Urin (oder in der Praxis ein gewisser Teil davon) wird auf pH 7,4 zurücktitriert. Die Anzahl der verbrauchten Milliäquivalente NaOH wird gleichgesetzt der Zahl der Milliäquivalente H^+, die bei der Säuerung ausgeschieden wurden. Wenn statt dessen HCl benötigt wird, um den pH auf 7,4 zu bringen, ist die titrierbare Acidität *negativ*, und wir erfahren, wieviele Milliäquivalente H^+ durch Alkalisieren des Urins *eingespart* wurden.

Die titrierbare Acidität einer Urinprobe zum Beispiel von pH 6 läßt sich hauptsächlich auf das vorhandene anorganische Phosphat zurückführen. Wenn der Urin zu Anfang jedoch einen pH von 4,5 besitzt, finden wir mehr titrierbare Acidität, als das Phosphat überhaupt verursacht haben kann. Diese geht auf undissoziierte organische Säuren im Urin zurück (Milch-, Zitronen-, Hippur-, Acetessigsäure u. a.), deren Titrationskurven teilweise oberhalb von pH 4,5 liegen. Wenn der Urin-pH ungewöhnlich niedrig ist, kann ein Teil davon als HA und nur noch ein kleinerer als A^- ausgeschieden werden. Dadurch tragen sie wirksam zu der Säuerung des Urins in diesem niedrigen Bereich bei. Pathologisch gesteigerte Ausscheidung organischer Säuren wurde in Kap. 7 betrachtet.

Vorausgesetzt, daß freies CO_2 aus dem Urin beim Endpunkt-pH von 7,4 vollständig entfernt ist, erfaßt die Methode zur Bestimmung der titrierbaren Acidität jedes im Urin vorhandene HCO_3^- als *negative* titrierbare Acidität, d. h. als zurückgehaltenes H^+. Daß HCO_3^- in einem alkalischen Urin mit Salzsäure titriert wird, läßt sich an der folgenden Reaktionsgleichung zeigen:

$$HCO_3^- + H^+ \rightarrow H_2CO_3 \rightarrow H_2O + CO_2 \uparrow .$$

Wie HCO_3^- in einem schwach sauren Urin den Verbrauch an NaOH vermindert, läßt sich weniger leicht veranschaulichen; entfernte man jedoch CO_2 vollständig, dann käme man zu der gleichen Einsparung an Lauge.

Man könnte versucht sein zu folgern, daß die Niere H^+ sezernieren muß, um die im glomerulären Filtrat vorhandenen Bicarbonationen zu beseitigen, und daß dieses H^+ bei der titrierbaren Acidität als Teil der Nettoausscheidung erfaßt worden ist. Es fragt sich nun, ob eine Netto-H^+-Ausscheidung von *null* einen Urin ohne HCO_3^- oder einen mit der gleichen HCO_3^--Konzentration wie im Plasma verlangt. Da der Verlust eines jeden Moleküls HCO_3^- in den Urin ein H^+ im Körper hinterläßt, muß die erste Antwort die richtige sein. Hätten wir ferner die Resorption des filtrierten HCO_3^- als eine Netto-Elimination von H^+ zu betrachten, dann müßten wir jeden Trunk Wasser als eine Nettosäuerung ansehen, da er die Clearance von HCO_3^- aus dem gleichen Volumen Urin erfordert.

II. **Ammoniumsynthese.** Unsere Nieren haben die wichtige Fähigkeit, einen Teil des Stickstoffs, den wir sonst in Form von Harnstoff ausscheiden würden, ersatzweise als NH_4^+ zu eliminieren. Diese Anpassungsfähigkeit ist äußerst wichtig, wenn ein variabler Überschuß an H^+ bewältigt werden soll. Man kann sicher sagen, daß wir uns ständig in einer Alkalose befänden, wenn wir unseren gesamten Abbaustickstoff als NH_4^+ und nicht als Harnstoff ausscheiden müßten; denn Stickstoff befördert in der Form von NH_4^+ ein H^+ hinaus, das er im Harnstoff nicht mitnimmt. Wir wissen auch, daß Patienten, die ihre Fähigkeit, Urin—NH_4^+ zu synthetisieren, größtenteils verloren haben, zu chronischer Acidose neigen.

Damit wir uns vergewissern können, daß mit NH_4^+ zusätzlich ein H^+ ausgeschieden wird, sei eine Reaktion wiedergegeben, die im menschlichen Organismus allerdings nicht vorkommt:

$$\begin{array}{c}NH_2\\ \diagdown\\ C=O+H_2O+2\,H^+ \rightarrow 2\,NH_4^+ + CO_2\,.\\ \diagup\\ NH_2\end{array}$$

Aus dieser Reaktion geht hervor, daß jedes NH_4^+ ein H^+ enthält, das im Harnstoff nicht vorhanden ist. Die eigentliche Reaktion aber, die an der NH_4^+-Ausscheidung beteiligt ist, zeigt Abbildung 9.2.

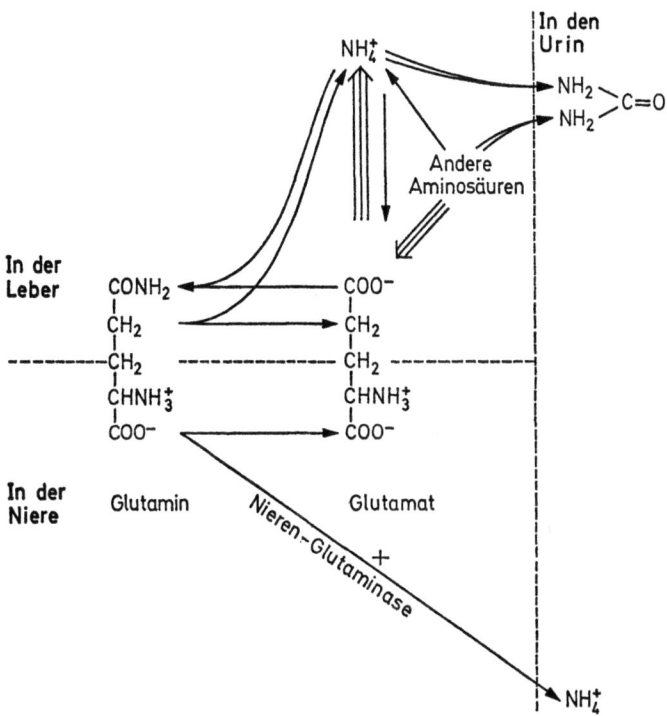

Abb. 9.2. Urin-Ammonium wird auf Kosten von Harnstoff gebildet. Durch die Glutaminasewirkung wird dem Plasma Glutamin entzogen, dies steigert die Nettoproduktion von Glutamin in der Leber und vermindert dabei die Harnstoffbildung

Die Titrationskurve von NH_4^+ befindet sich außerhalb der physiologischen Variationsbreite des Urin-pH (Abb. 2.3). Da sein pK' bei 9,4 liegt, ist es bei pH 7,4 nur zu 1% und bei pH 7,8 nur zu 2,5% als NH_3 vorhanden. Daher behält dieser Lösungsbestandteil im Gegensatz zu Phosphat und Bicarbonat bei allen Urin-pH-Werten seinen Ladungszustand fast vollständig bei. Deshalb kann ein Millimol NH_4^+ bei einem pH von 7,4 H⁺ im wesentlichen genauso wirksam eliminieren wie bei einem pH von 5,4. Trotzdem enthält der Urin, der bei einem niedrigen pH sezerniert wird, weit mehr NH_4^+, und der kleine Teil der Titrationskurve, der in dem physiologischen Bereich liegt, besitzt, wie wir sehen werden, einen beherrschenden Einfluß auf die NH_4^+-Menge, die ausgeschieden wird.

Für dieses Verhalten wurde folgende Erklärung vorgeschlagen: Angenommen, die Plasmakonzentration an NH_4^+ sei, wie in Abb. 9.3, 0,05 millimolar. Mit der Henderson-Hasselbalchschen Gleichung können wir berechnen, daß im Gleichgewicht zu diesem NH_4^+-Spiegel bei pH 7,4 0,0005 Millimol pro Liter NH_3 vorliegen müssen. Ist die Schranke, die von den Tubuluszellen gebildet wird, für NH_3 durchlässig aber nicht für NH_4^+, dann kann im Tubuluslumen eine ebensogroße NH_3-Konzentration von 0,0005 mMol/l erreicht werden. Wenn aber die renale H⁺-Pumpe dabei ist, den Urin zu säuern, wird das NH_3, das in das Lumen gelangt, prompt in NH_4^+ verwandelt werden:

$$NH_3 + H^+ \rightarrow NH_4^+.$$

Nehmen wir zur bequemen Berechnung an, der pH im Tubuluslumen werde durch H⁺-Transport auf dem niedrigen Wert von 4,4 gehalten, dann könnte dort die NH_4^+-Konzentration nach der Henderson-Hasselbalchschen Gleichung auf einen Wert von 50 Millimol pro Liter ansteigen. Einen spezifischen Bergauftransport nimmt man für NH_4^+ nicht an; die H⁺-Pumpe sorgt dafür, daß NH_4^+ angereichert wird.

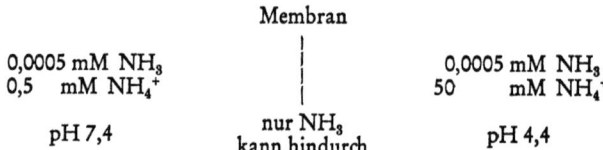

Abb. 9.3. Dieses hypothetische Beispiel zeigt, wie sich NH_4^+ asymmetrisch zwischen zwei Phasen mit unterschiedlichem pH verteilt, wenn ausschließlich NH_3 die Membran passieren kann. Ist der *pK* 9,4, dann gilt bei pH 7,4: $NH_3/NH_4^+ = 1 : 100$ und bei pH 4,4: $NH_3/NH_4^+ = 1 : 100\,000$. Die NH_3-Konzentration ist auf beiden Seiten die gleiche, die NH_4^+-Konzentration wird jedoch durch die Henderson-Hasselbalchsche Gleichung bestimmt. Folglich würde die H⁺-Pumpe tatsächlich NH_4^+ konzentrieren

Trifft diese Anschauung zu, dann könnte man erwarten, daß die NH_4^+-Ausscheidung im Urin exponentiell mit dem Absinken des pH ansteigt; wenn der Urin-pH um eine Einheit abfällt, würde dann erwartungsgemäß die Ausscheidungsrate jeweils um den Faktor zehn erhöht. Diese Voraussage wird nicht genau erfüllt, dabei kann aber die Syntheserate von NH_4^+ wohl ein limitierender Faktor sein. Diese Synthese geht von Glutamin aus, das Enzym ist die Glutaminase (Abb. 9.2). Von allen freien Aminosäuren hat Glutamin den höchsten Gehalt im Plasma.

Wird die Amidgruppe von Glutamin nicht durch die Nierenglutaminase freigesetzt, dann wird sie schließlich als Harnstoff-N ausgeschieden.

Wenn die NH_4^+-Ausscheidung durch die H^+-Pumpe unterhalten wird, haben alle Arten der H^+-Ausscheidung etwas gemeinsam: Ob das H^+ im Urin in Form von $H_2PO_4^-$, als verminderter HCO_3-Spiegel oder als NH_4^+ erscheint, der Bergauftransport von H^+ in den Tubulus hinein ist für sein Vorhandensein im Urin verantwortlich. Ist bei tubulären Ausfallserscheinungen trotz der erhaltenen Fähigkeit, den Urin zu säuern, die Ammoniumbildung nicht möglich, dann ist dies mit einem Versagen der Ammoniaksynthese zu erklären; die dargelegte Vorstellung über die Art der NH_4^+-Sekretion wird dadurch nicht widerlegt.

Trotzdem kann man zwischen der NH_4^+-Ausscheidung einerseits und andererseits der Ausscheidung variabler Bicarbonatmengen und verschiedener Formen von Phosphat einen wichtigen Unterschied feststellen: NH_4^+ wird bei der Bestimmung der titrierbaren Acidität nicht erfaßt, weil der pK' von NH_4^+ so hoch liegt. Will man erfahren, wieviel H^+ insgesamt ausgeschieden wurde, dann kann man die titrierbare Acidität und NH_4^+-Ausscheidung addieren.

Ein Verfahren von Jorgensen erlaubt es, alles H^+, das effektiv ausgeschieden wurde, durch eine einzige Titration zu bestimmen. Er fügt zu 10 ml Urin 1 ml n HCl. Der Urin wird gekocht zur Entfernung von CO_2, es wird Formaldehyd zugesetzt, der Urin wird dann gekühlt und bis zu einem pH von 7,4 titriert. Außer dem Urin wird in einem Parallelansatz Wasser mit NaOH titriert; man setzt dann die Differenz des NaOH-Verbrauches den ausgeschiedenen Milliäquivalent H^+ gleich. Jedes HCO_3^- verbraucht etwas von der verwendeten HCl und vermindert entsprechend bei der Rücktitration den NaOH-Bedarf. Die Rücktitration erfaßt natürlich das $H_2PO_4^-$ und die organischen Säuren, die im Urin vorhanden sind. Der vorhandene Formaldehyd erniedrigt, wie man es auch von der Formoltitration der Aminosäuren her kennt, den aktuellen pK von NH_4^+, so daß diese Titration bei pH 7,4 im wesentlichen ebenfalls vollständig ist. Entsprechend wird man das H^+ messen, das dem Urin bei seiner Säuerung zugefügt wird. Jedes H^+, das durch die Alkalisierung des Urins zurückgehalten wird und das ausgeschiedene HCO_3^- werden als negative titrierbare Acidität erscheinen.

Grenzen der renalen H^+-Ausscheidung. Damit die Niere die Neutralität erfolgreich regulieren kann, ist nicht nur ein normaler Kaliumvorrat (siehe Kap. 4) sondern auch eine ausreichende Nierendurchblutung notwendig. Das verminderte Plasmavolumen bei Dehydratation schränkt die Regulation ein oder unterbricht sie vollständig, und die Neutralität kann oft nicht gewahrt werden. Für die Aufrechterhaltung des Energiestoffwechsels wird dabei gewöhnlich vermehrt Eiweiß herangezogen, das den eigenen Geweben entstammt; deshalb kommt es fast stets zur Acidose.

Wenn man den Kreislauf eines dehydratisierten, acidotischen Organismus durch Infusion isotoner NaCl-Lösung auffüllt, pflegt der Urin saurer zu werden, weil dann die Fähigkeit der Nieren, H^+ auszuscheiden, verbessert wird. Bei dem selteneren Zusammentreffen von Dehydratation und Alkalose kann man eigentümlicherweise einen sauren Urin vorfinden. Dieses Phönomen ist als *paradoxe Acidurie* des alkalotischen, dehydratisierten Patienten bekannt. Wird das Plasmavolumen wiederhergestellt, dann wird der Urin prompt alkalisch. Mit anderen Worten, bevor man die volle Fähigkeit der Nieren, das gestörte H^+-Gleichgewicht zu korrigieren, beobachtet, muß der Patient sowohl bei Acidose als bei Alkalose hydratisiert sein und eine ausreichende Nierendurchblutung haben.

Gelegentlich waren Ärzte der Meinung, es sei nicht nötig, zum Ausschluß von Neutralitätsstörungen Blutanalysen vorzunehmen, solange der Urin einen nicht warnt, indem er extrem sauer oder alkalisch wird. Dieser Auffassung darf man nicht folgen, weil bei dehydratisierten Patienten der Urin infolge Nierenversagens nicht mehr ausreichend gesäuert oder alkalisiert werden kann. Außerdem kann ein dehydratisierter Patient sehr wohl oligurisch oder anurisch sein, so daß irgendeine Urinprobe, die man gewinnen kann, keinesfalls die unmittelbare Lage wiederzugeben braucht.

Folglich kann eine Untersuchung über die Neutralitätslage des Blutes nicht durch eine Urinanalyse ersetzt werden. Dennoch kann die H^+-Nettoausscheidung im Urin, über ein bestimmtes Zeitintervall verfolgt, einzigartig Auskunft über den H^+-Haushalt des ganzen Körpers geben, besonders unter nicht akuten Bedingungen, worüber schon im Kaliummangelzustand gesprochen wurde.

10. Fixe Ionen und das Wasserstoffion

In den vorhergehenden Kapiteln wurde gezeigt, daß H^+-Überschuß die Ursache einer Acidose, H^+-Mangel die Ursache einer Alkalose ist. Die überschüssigen Wasserstoffionen bei der Acidose treten jedoch nur zum kleinsten Teil frei auf. Sie werden vielmehr, wie wir gesehen haben, weitgehend an Wasserstoffacceptoren gebunden. Wenn der Überschuß an H^+ in den Urin eliminiert wird, erscheint auch in dieser Flüssigkeit nur sehr wenig freies H^+.

Deshalb lenkten früher häufig begleitende Veränderungen und nicht der Überschuß oder Mangel an H^+ selbst die Aufmerksamkeit auf sich. Man hat den Wert von pH-Messungen oft pessimistisch eingeschätzt, weil so wenig von dem zusätzlichen H^+ im Blut oder Urin freibleibt und weil uns die pH-Abweichungen nur vage sagen, wieviel H^+ bewältigt wurde.

Die fehlende Größe findet man durch Analysen, die ergeben, wieviel H^+ durch H^+-Acceptoren in jeder Flüssigkeit aufgefangen wurde; es werden dabei Veränderungen des Bicarbonatspiegels oder des Basendefizit im Blut oder die titrierbare Acidität und NH_4^+ im Urin bestimmt. Diese Methoden sind gut geeignet, weil nicht nur das H^+ selbst, sondern auch die verfügbaren H^+-Acceptoren und H^+-Donatoren primär an der Erhaltung der Neutralität mitwirken.

Gelegentlich hat jedoch die Abneigung, sich mit den verschwindend wenigen H^+-Ionen und den nicht so einfach zu messenden H^+-Donatoren und H^+-Acceptoren zu befassen, dazu geführt, daß der Neutralitätszustand mit Hilfe von Ionen bestimmt wurde, die kaum beteiligt sind, nämlich mit Hilfe von Na^+, K^+, Cl^- und ähnlichen. Weil Analysen solcher *fixer* Ionen Untersuchungen über die Neutralitätslage nützlich ergänzen und weil die Verständigung zwischen den beiden Betrachtungsweisen erhalten bleiben muß, soll der Student darüber nachdenken, welchen Einblick in das Säure-Basen-Gleichgewicht die fixen Ionen gewähren.

Warum werden Anionen Säuren und Kationen Basen genannt?
Diese Terminologie gründet sich zum Teil auf die chemische und alchimistische Vergangenheit. Ein Alkalimetall oder sein Oxyd reagiert mit Wasser unter Bildung einer alkalischen Lösung, das Oxyd eines Nichtmetalls bildet eine saure Lösung. Sobald das Natrium- und das Sulfation entstanden sind, haben sie nichts mehr von dieser Eigenschaft behalten, und gewiß kann man die Eigenschaften von NaOH oder H_2SO_4 korrekterweise nicht diesen Ionen zuschreiben.

Man kann jedoch eine vernünftigere Grundlage für diese Terminologie finden. Biologische Flüssigkeiten enthalten zwei Arten von Anionen, *Puffer*-Anionen und *Nichtpuffer*-Anionen; die letzten werden oft *fixe Anionen* genannt, d. h. Anionen, die ihren Ladungszustand in dem in Frage kommenden pH-Bereich nicht ändern. Im Gegensatz dazu sind im wesentlichen alle Kationen fixe Kationen. (Freies Histidin ist das Beispiel eines Pufferkations, aber im Vergleich zu Na^+, K^+ usw. sind solche Kationen nicht besonders reichlich vorhanden.)

Wird eine starke Säure, H^+X^-, einer biologischen Lösung von der beschriebenen Zusammensetzung zugefügt, dann reagiert das H^+ mit dem Pufferanion A^-:

$$H^+ + A^- \rightarrow HA.$$

Handelt es sich bei HA um H_2CO_3, dann wird es sofort ausgeschieden. Eine der Hauptfolgen, die zu beobachten ist, wenn man die Lösung analysiert, ist der erhöhte Spiegel eines fixen Anions; X^- hat jetzt das Pufferanion im Säulendiagramm ersetzt (Abb. 10.1).

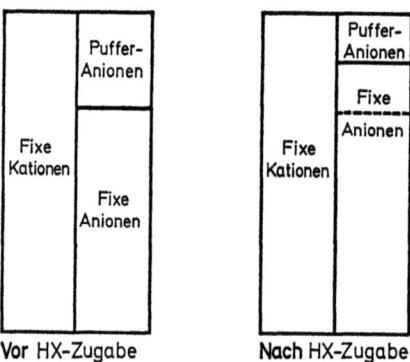

Abb. 10.1. erläutert die Wirkung einer starken Säure, die einer typischen biologischen Flüssigkeit zugesetzt wird. Die augenfälligste Veränderung ist die verminderte Konzentration der Pufferanionen und der Ersatz dieser Pufferanionen durch die fixen Anionen der zugegebenen Säure

So kommen wir dazu, eine biologische Lösung als sauer anzusehen, wenn ihr Spiegel an fixen *Anionen* über das übliche Verhältnis zu dem *Kationen*spiegel hinausgeht. Sobald die Niere diese Situation korrigiert, wird die *Plasma*konzentration an fixen Anionen wieder auf den normalen Wert erniedrigt. Währenddessen ist der Spiegel der fixen Anionen im Urin erhöht, und die Konzentration der Pufferanionen darin ist infolge der Reaktion mit dem ausgeschiedenen H^+ erniedrigt. So gewinnt man den Eindruck, als habe *der Urin die Säure des Plasmas mit dem Übertritt der fixen Anionen übernommen*. Das *Wasserstoffion* ist aber, wie uns die Reaktion oben sagt, ebenfalls in den Urin gelangt; dies fällt vielleicht weniger auf, denn es passiert zwar mit einem riesigen

Flux in den Urin, aber durch das „Nadelöhr" einer sehr kleinen Konzentration seiner freien Form.

Umgekehrt wird eine biologische Lösung, deren *Kationen*konzentration relativ erhöht ist, als *alkalisch* angesehen; die Korrektur dieses alkalischen Zustandes ist dadurch gekennzeichnet, daß der Kationenüberschuß in den Urin gelangt.

Aus diesen Beispielen geht hervor, daß die Beziehungen zwischen dem Spiegel der fixen Anionen und der fixen Kationen durchaus als bequemer Indikator der Neutralität verwendet werden können, besonders für jede biologische Lösung, die so gut bekannt ist wie unser Blutserum. Weil pH-Bestimmungen nicht so regelmäßig vorgenommen wurden wie Elektrolytanalysen, machte man sich mit dieser Betrachtungsweise viel mehr vertraut. Geht man nur einen Schritt weiter, dann kann man dazu kommen, die Kationen als *Basen* und die fixen Anionen als *Säuren* aufzufassen, doch ist dies ein großer und gefährlicher Schritt, der dem Chloridion *säuernde* und dem Natriumion *basische* Eigenschaften unterstellt. Ein wissenschaftlich arbeitender Mediziner würde nie auf den Gedanken kommen, das Natriumion eines Phosphatpuffers, den er in seinem Laboratorium herstellt und verwendet, für die Pufferung verantwortlich zu machen; bei seinem Unterricht aber kann er, von der Tradition geleitet, dem Natriumion neutralisierende Kräfte *in vivo* zuschreiben.

Daß man die Neutralitätslage mit dem Konzentrationsverhältnis zwischen fixen Anionen und Kationen beschreibt, läßt sich nur deshalb rechtfertigen, weil uns dieses Verhältnis *indirekt* über die Konzentration der *Pufferanionen* Auskunft geben kann. Diese sind mit dem H^+, das sie zu binden suchen, die eigentlichen Akteure bei dem Spiel. Gewiß würde niemand ernstlich vorschlagen, die Regulation der Neutralität ohne Erwähnung der Pufferanionen ausschließlich mit dem Wasserstoffion zu besprechen. Halten wir uns daran, daß die Konzentration der fixen Ionen die Wasserstoffionenverteilung nur widerspiegelt, sie aber nicht bestimmt, dann haben wir eine nützliche Betrachtungsweise hinzugewonnen.

Zwischenbemerkung über die Ionentheorie. Wenn man zwischen den Begriffen Kovalenz und Elektrovalenz nicht klar genug unterscheidet, was heute schon seltener vorkommt, dann ist dies oft ein Anlaß zu Verwirrung. In einer Lösung von Natriumbicarbonat dissoziiert das Natriumion vollständig vom Bicarbonation, während das Wasserstoffion als fest gebundener Bestandteil des Bicarbonations eine geringe Dissoziationstendenz hat, es sei denn, die H^+-Konzentration ist sehr niedrig. Kurz, die Beziehung des Na^+ zum Carbonatrest ist sehr verschieden von der des H^+. Dasselbe gilt für Hämoglobin bei pH 7,4. Bei diesem pH sind einige Wasserstoffionen vom Globin dissoziiert und lassen es als Anion zurück; eine viel größere Zahl fest gebundener Wasserstoffionen befindet sich noch am Proteinmolekül. Das Hämoglobinanion ist *als solches* vorhanden, *frei* und *nicht gebunden an die Kaliumionen*, die sich ebenfalls in der Lösung befinden. Elektrophoretisch bewegt sich das Hämoglobin zum Beispiel in einem elektrischen Feld als Anion ohne das Kaliumion. Alle Gleichungen dieser Art

$$HHbO_2 + KHCO_3 \rightarrow KHbO_2 + H_2CO_3$$

scheinen deshalb in Wirklichkeit widerzuspiegeln, daß man die Theorie von Arrhenius nicht anerkennen mag und sich nicht gerne mit den Teilen befaßt, die wirklich vorhanden sind. Solange nicht mehr verlangt wird, als daß die Gleichungen elektrisch aufgehen, braucht man nicht zu fürchten, die Elektroneutralität gehe durch Vernachlässigen des Kations verloren. Früher glaubte man, die Einbeziehung des Kations *vereinfache* den Gegenstand; für den heutigen Studenten, der mit der Theorie der chemischen Bindung und der Ionentheorie aufgewachsen ist, kompliziert sie ihn nur.

Die Pufferanionen sind nicht inert. Sie sind Basen. Für die alkalisierende Wirkung einer Substanz wie $NaHCO_3$ muß entweder das Natriumion oder das Bicarbonation verantwortlich sein. Mangelnde Kenntnis der Eigenschaften des Bicarbonations hat früher wohl fälschlich die Aufmerksamkeit auf das Natriumion gelenkt. Der moderne Student weist eine vorklinische Schulung in Chemie auf, die es ihm gestattet, leicht zu begreifen, das das Bicarbonation (und ähnliche Pufferanionen) wirklich basisch sind, weil sie aus einer Lösung freies H^+ zu entfernen pflegen,

$$HCO_3^- + H^+ \rightarrow H_2CO_3 \, .$$

Über die Chemie des Natriumions hat er im übrigen nichts gelernt, was ihn begreifen läßt, wie es alkalisierend wirken soll.

Gegenüberstellung der verschiedenen Betrachtungsweisen von Neutralitätsphänomenen. Wir haben gesehen, daß sich Neutralitätsstörungen als Überschuß oder Mangel an H^+ mit begleitenden Veränderungen an konjugierten Säuren oder Basen vollständig darstellen lassen. Faktoren, die H^+ liefern, sind säuernd, solche die eine Entfernung von H^+ ermöglichen, sind alkalisierend. Zugleich kommt es aber auch zu einigen Abweichungen in den relativen Konzentrationen fixer Anionen und Kationen. Die säuernden Bedingungen führen zu einem Überschuß fixer Anionen, die alkalisierenden zu einem relativen Kationenüberschuß. Deshalb könnte man sagen, daß Erbrechen von Magensaft wegen des übermäßigen Chloridverlustes Alkalose verursachen kann, und daß Verlust von Intestinalsekreten säuernd wirke, weil sehr viel Na^+ und K^+ verloren geht. Man kann eine „physiologische" Kochsalzlösung, die dem hohen P_{CO_2} der der physiologischen Umgebung ausgesetzt ist, auch deshalb als sauer bezeichnen, weil sie einen (relativ) erhöhten Chloridgehalt hat. Damit sie neutral werden kann, ist es danach nötig, daß zwischen den Konzentrationen von Na^+ und Cl^- eine Differenz besteht, die das Bicarbonation ausfüllen kann. (Dabei wird gelegentlich die Tatsache übersehen, daß die Bildung von HCO_3^- aus H_2CO_3 die *Entfernung* von H^+ verlangt, so daß wir aus der physiologischen Kochsalzlösung H^+ *und* Cl^- beseitigen müssen, nicht nur Cl^-, um daraus eine Lösung zu machen, die in der physiologischen Umgebung neutral ist.)

Wir können sagen, die Nieren korrigierten eine Acidose des Organismus, indem sie die überschüssigen fixen Anionen ausscheiden. Bei der Säuerung des Urins wird das $HPO_4^=$-Ion in das einfach geladene $H_2PO_4^-$-Ion umgewandelt, was die Milliäquivalent Anionen, die als Phosphat ausgeschieden werden, halbiert und einer vermehrten Ausscheidung fixer Anionen Platz macht oder *Einsparung fixer Kationen* ermöglicht. Wenn die titrierbare Acidität vermehrt ist, kann man dies auch den eingesparten Kationen statt den ausgeschiedenen Wasserstoffionen zuschreiben. (Diese Auffassung übersieht gelegentlich, daß für jedes Äquivalent ausgeschiedener fixer Anionen oder eingesparter fixer Kationen ein Äquivalent Wasserstoffionen eliminiert wird, und daß der Wert von Ionenanalysen darin besteht, die H^+-Ausscheidung widerzuspiegeln.)

Ähnlich können wir sagen, daß die Ammoniumsynthese die Acidose bekämpft, weil dabei Alkalimetall-Kationen durch das synthetisierte NH_4^+-Kation ersetzt werden (auch hier wird die gesteigerte Wasserstoffionenausscheidung vernachlässigt). Wir können sagen, daß die Ausscheidung von $Na^+HCO_3^-$ die Alkalose bekämpft, weil das alkalisierende Na^+ eliminiert wird, oder daß Natriumlactatgabe alkalisiert, weil fixes Kation ohne fixes Anion zugeführt wird, oder daß $CaCl_2$ der Nahrung säuert, weil das Anion vollständiger resorbiert wird als das Kation, oder daß NH_4Cl säuert, weil dem System nur das Anion zugefügt wird.

Man kann auch sagen, daß es durch die Ketose zur Acidose kommt, weil fixe Anionen (deren Ladung wenigstens im Bereich des Plasma-pH konstant bleibt) angehäuft werden und bei ihrer Ausscheidung dem Körper Kationen entziehen (man beachtet dabei nicht, daß sie Wasserstoffionen alleine zurücklassen).

Die Kationen-Anionen-Betrachtungsweise hat Grenzen. Beschränken wir uns auf diese Betrachtungsweise, dann werden wir für *Bildung* und *Verbrauch* von Wasserstoffionen *im Stoffwechsel* keine Deutung finden können, wenn sie nicht mit einer Nettoabweichung in den fixen Ionen des Körpers einhergehen. In diesen Fällen reichen die Spezialgeräte für die Analyse der fixen Ionen nicht aus. Ferner kommt man dazu, die unvollständige Ausscheidung eines Stoffwechselproduktes (zum Beispiel Sulfat oder Phosphat) als Ansammlung fixer Anionen und deshalb als säuernd zu betrachten. Nun wirkt die *Bildung* von Sulfat offensichtlich säuernd, man kann sich aber nicht leicht vorstellen, warum Sulfat noch mehr säuern sollte, wenn es nicht vollständig ausgeschieden wird. Es kann eine renale Störung vorkommen, bei der die Ausscheidung von Chlorid oder überhaupt fixen Anionen gehemmt, die

Ausscheidungsfähigkeit für H^+ dagegen normal ist; wird nun HPO_4^{--} in den Tubuli in $H_2PO_4^-$ umgewandelt, dann würde man in diesem Fall erwarten, daß bei der damit einhergehenden Anpassung der B^+- und Cl^--Ausscheidung *mehr* B^+ konserviert und *weniger* Cl^- abgegeben wird als gewöhnlich. Dies könnte zwar zu Ödem führen, was aber das Versagen bei der Korrektur einer Acidose angeht, so ließe sich dies viel plausibler auf eine Hemmung der Ausscheidung von Wasserstoffionen selbst als auf eine von fixen Anionen zurückführen. Soll eine Säure (zum Beispiel eine Ketosäure oder Schwefelsäure) nämlich Bicarbonationen ersetzen, dann muß sie zur Umwandlung des Bicarbonates in CO_2 und H_2O Wasserstoffionen liefern.

Flexibel bleiben, was die Betrachtungsweise angeht. Der Autor versucht zwar, die eine Betrachtungsweise mehr zu unterstützen als die andere, dennoch darf der Student heute nicht glauben, er habe Übung auf diesem Gebiet, wenn er sich nicht in jeder Terminologie ohne Verwirrung verständigen und dabei trotzdem den Fehler vermeiden kann, Anionen als säuernd und Kationen als alkalisierend anzusehen. Sonst wird er sowohl bei der Verständigung gehemmt sein als auch dabei, aus Analysen anorganischer Ionen Schlüsse zu ziehen, zum Beispiel durch ein Näherungsverfahren wie in der Abb. 3.3.

Ist das Natriumion wirklich inert? Soll eine Substanz eine wäßrige Lösung alkalisieren, dann muß sie H^+ binden oder beseitigen. Von Natrium können wir uns dies nicht gut vorstellen. Möglicherweise verdrängt es bei seinem Transport H^+ von einem Carrier, was das Milieu eher säuern als alkalisieren dürfte. Wenn Na^+ (oder K^+) jedoch bei seiner Bewegung H^+ von einem Carrier *in eine andere Phase* verdrängen könnte, würde diese Phase gesäuert, die erste dagegen alkalisiert.

Soweit die Transportvorgänge bekannt sind, kann Na^+ bei seiner Resorption aus dem distalen Nierentubulus vielleicht H^+ oder K^+ von einem Carrier in das Tubuluslumen verdrängen. Im Gegensatz dazu bewegt sich H^+ *in der gleichen Richtung* wie Na^+, wenn Na^+ im Austausch gegen K^+ in verschiedene Zellen des Körpers hineingeht; folglich müßten wir annehmen, daß es an dieser Stelle das entweichende Kaliumion ist, das H^+ vom Carrier in die Zelle hinein verdrängt. Auf Grund dieser hypothetischen Verdrängungsvorgänge könnte jedes Alkalimetallkation abwechselnd als Vermittler bei der Übertragung von H^+ zwischen den Phasen dienen.

Diese Auffassung unterscheidet sich wesentlich von der Vorstellung, das Säure-Basengleichgewicht sei ein Krieg zwischen fixen Anionen und Kationen. Während das bloße statische Vorhandensein von Na^+ und K^+ die Neutralität nicht zu beeinflussen scheint, kann ihre Wanderung durch eine Zellmembran die Neutralität der beiden, durch die Membran getrennten Phasen gleichzeitig modifizieren. Wenn man die Neutralitätskontrolle unter dem Aspekt „Anionen kontra Kationen" betrachtet, sieht man die beiden Kationen als gleichwertig alkalisierende Agentien an; auf Grund ihrer Transportwirkungen beeinflussen die beiden Kationen die H^+-Verteilung jedoch genau gegensätzlich.

Wir können dennoch sehen, daß der Natriumhaushalt des Körpers untrennbar mit dem H^+-Haushalt verbunden ist, weil im distalen Nierentubulus offensichtlich beide Ionen gegeneinander ausgetauscht werden. Die Regulation der Neutralität ist dadurch mit der Regulation des Volumens und der Osmolarität der Körperflüssigkeiten verknüpft; ein Kation, das für die Erhaltung der Osmolarität keine wesentliche Rolle spielt, wird gegen ein anderes ausgetauscht, das für die Erhaltung der Neutralität keine unmittelbare Bedeutung hat.

Diese theoretische Beziehung zwischen Alkalimetallhaushalt und H^+-Haushalt ist zwar anerkantermaßen etwas dürftig, und doch bietet sie einem eine gewisse Befriedigung angesichts der in der Praxis nahezu untrennbaren Verbindung zwischen den Störungen des Na^+- und K^+-Haushaltes und den Störungen des H^+-Haushaltes. Dehydratation und Acidose pflegen untrennbare Genossen zu sein. Beseitigen Sie die Dehydratation, und die Nieren beseitigen gewöhnlich die Acidose. Zugegeben, diese praktische Verbindung ist eher der durch Ersatztherapie wiederhergestellten Nierendurchblutung als dem spezifisch wiederhergestellten Austausch von Na^+ gegen H^+ zuzuschreiben. Dennoch sind die Probleme der Osmolaritäts- und der Neutralitätskontrolle praktisch untrennbar.

11. Wie man zu brauchbaren chemischen Laboratoriumsergebnissen kommt

Warum analysiert man Blut? Die meisten biochemischen Ereignisse spielen sich in den Gewebezellen ab, so daß es ziemlich aussichtslos ist, im Blut nach Veränderungen zu suchen. Man braucht sich nicht darüber zu wundern, daß für viele Krankheiten (zum Beispiel ganz allgemein neoplastische Erkrankungen) noch keine eindeutigen diagnostischen Blutveränderungen entdeckt werden konnten. Im Vergleich mit tierexperimentell arbeitenden Untersuchern sind wir bei unserer Arbeit benachteiligt, weil wir uns immer noch auf einige wenige Körperflüssigkeiten als Biopsieproben weitgehend beschränken müssen. Wenn eine Stoffwechselveränderung in unseren Zellen vorkommt, kann sich dieses Ereignis im Blut widerspiegeln oder auch nicht. Spiegelt es sich darin wider, dann haben wir dafür möglicherweise einen diagnostischen Test oder auch nicht.

Vor allem muß die Veränderung *groß genug* sein. Wie groß ist groß genug? Statistisch wird der Aminosäurespiegel im Plasma während der Schwangerschaft um 25% vermindert, doch diese Tatsache gibt leider keinen Schwangerschaftstest ab, weil sich der *normale* Bereich zu sehr mit dem in der *Schwangerschaft* überlappt. Ähnlich ist das *durchschnittliche* Serumcholesterin bei Hyperthyreose zweifellos erniedrigt, aber Abb. 11.1 zeigt, daß diese Analyse nur wenig zu der Diagnose dieser Krankheit beitragen kann, weil sowohl bei Euthyreoten als auch bei Hyperthyreoten die Spiegel in einem weiten Bereich variieren. Eine etwas günstigere Situation liegt zum Beispiel beim Serumprotein-gebundenen Jod vor, wo sich Normalbereich und der Bereich bei Hyperthyreose nur mäßig überlappen. Am günstigsten sind die Fälle, bei denen die Bereiche am engsten und die Überschneidungen am geringsten sind; der Normalbereich des Serumnatriumspiegels ist zum Beispiel so eng, daß eine 5%ige Zu- oder Abnahme wahrscheinlich schon eine klare Bedeutung hat.

Zweitens muß die Veränderung *spezifisch genug* sein. Wegen des dazugehörenden Aufwandes würde es sich wohl nicht lohnen, eine Konzentrationsänderung zu messen, die so regelmäßig wie ein Temperaturanstieg vorkommt. Die Bestimmung der Aktivität der sauren Phosphatase im Zusammenhang mit einer Prostataerkrankung ist als anderes Extrem das Beispiel einer Serumanalyse *höchster* Spezifität. Überdies konnte die Spezifität dieser Analyse durch Verwendung unterschiedlicher Hemmstoffe noch weiter gesteigert werden. Phosphatasen mit einer maximalen Aktivität bei *alkalischem* pH sammeln sich sowohl bei Knochen- als auch bei Leberkrankheiten im Serum an (wahrscheinlich nicht das gleiche Enzym), aber eine routinemäßige Unterscheidung konnte noch nicht erreicht werden. Glücklicherweise bestehen beim glei-

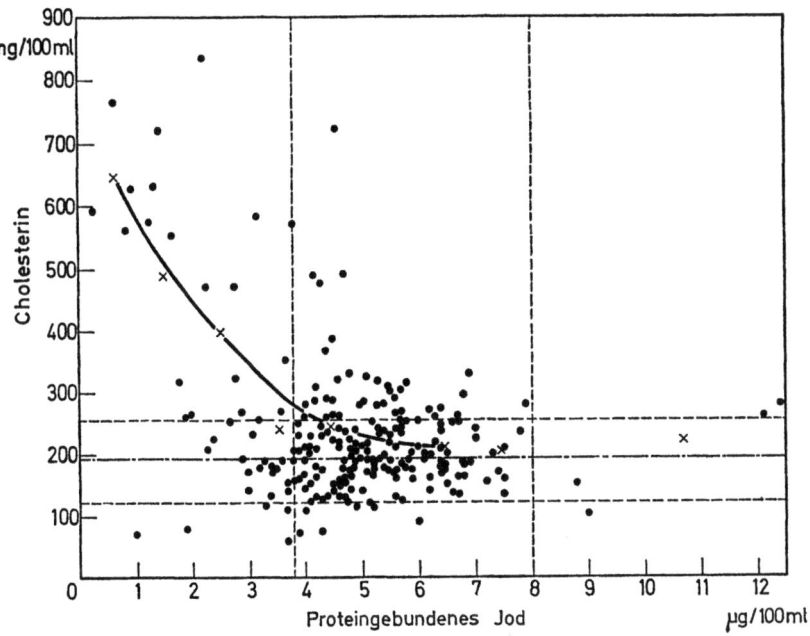

Abb. 11.1. Beziehung zwischen dem Serumspiegel von Cholesterin und proteingebundenem Jod. Jeder Punkt gehört zu einem Fall. Die unterbrochenen Linien deuten die geltenden Normalbereiche an. Es fällt Ihnen sicher auf: Die meisten Patienten mit Hypercholesterinämie fallen nicht in den Bereich des hypothyreotischen PBJ und die meisten Fälle mit Hypocholesterinämie nicht in den Bereich des hyperthyreotischen PBJ, obwohl eine grobe Beziehung zwischen den Ergebnissen der beiden Bestimmungen besteht. (Nach Peters u. Man: J. Clin. Invest. 29, 1 [1950])

chen Patienten nur selten beide Krankheitsmöglichkeiten. Außerdem haben wir gesehen, daß Blutspiegel durch ganz verschiedene Mechanismen verändert werden können (zum Beispiel: langsamerer Austritt, schnellerer Eintritt, höhere Spiegel einer bindenden Substanz) und daß eine Analyse nun einmal nicht ergibt, auf welchem Wege der Spiegel verändert wurde.

Zeitwahl und der Zustand des Patienten. Viele Lösungsbestandteile des Blutes sind bei Mahlzeiten oder bei gesteigerter Tätigkeit Veränderungen unterworfen. Nur nüchtern oder *nach der Resorption* ist zum Beispiel der Blutzuckerspiegel einigermaßen konstant. Die beste Zeit für eine Blutuntersuchung ist, außer bei besonderen Fragestellungen, früh am Morgen vor dem Frühstück, wenn der Patient noch ruht.

Im übrigen ist es für das ökonomische Arbeiten eines Laboratoriums nötig, daß alle Proben, die einer bestimmten Analyse unterworfen werden sollen, zur gleichen Zeit vorhanden sind. Diese beiden Umstände zusammen bedeuten, daß so viele Proben wie möglich am frühen Morgen beschafft werden sollten. Natürlich sind gelegentlich Analysen auch zu unvorhergesehenen Zeiten wegen einer Notfallsituation erforderlich. Ob man ein Laboratorium bei solchen Gelegenheiten in Anspruch nehmen kann, hängt gewöhnlich davon ab, wie der reguläre Arbeitsplan bei der Ablieferung aller anderen Proben berücksichtigt wurde.

Wahl der Probe. Für die meisten biochemischen Analysen zieht man Plasma oder Serum dem Vollblut vor, weil sie als Proben der extracellulären Flüssigkeit dienen, der unsere Zellen ausgesetzt sind. Die Hämoglobinbestimmung ist hier selbstverständlich eine Ausnahme. Einige andere Substanzen, wie Harnstoff und Glucose, können ebenfalls im Vollblut befriedigend bestimmt werden und ersparen dadurch den Aufwand, das Serum abzutrennen. Dies ist möglich, weil sie die außergewöhnliche Eigenschaft besitzen, sich gleichmäßig im Wasser der Erythrocyten und des Plasmas zu verteilen. Es wird dabei sehr viel Mühe gespart, denn diese Substanzen werden sehr oft bestimmt. Bei Cholesterin liegt eine Situation vor, die dieser nur oberflächlich gleicht; die roten Blutkörperchen haben ungefähr den gleichen Cholesteringehalt wie das Serum, aber der Cholesterinspiegel der Zellen reagiert nicht so leicht auf Stoffwechselveränderungen wie der Serumspiegel; deshalb ist Serum das geeignete Untersuchungsmaterial.

Eine Reihe von Serum- oder Plasmaanalysen erfaßt makromolekulare Bestandteile, die in der interstitiellen Flüssigkeit in wesentlich niedrigeren Konzentrationen vorkommen. In diesen Fällen wird Serum oder Plasma tatsächlich um seiner selbst willen ausgewählt und nicht als Probe der extracellulären Flüssigkeit, und es müssen besondere Vorsichtsmaßnahmen getroffen werden, um zu vermeiden, daß sich das Serum verändert, während es gewonnen wird. Dies besagt nicht, daß Plasma eine besonders wichtige Flüssigkeit im Zusammenhang mit dem Transport dieser Substanz ist, sondern vielmehr, daß sich unsere *Normalwerte auf das Plasma* oder *Serum beziehen,* das unter Vermeidung stärkerer Eindickung gewonnen wurde. Der Spiegel dieser Plasmabestandteile läßt sich durch übertriebenes Blutstauen leicht steigern. Die Gewohnheit sehr kräftig zu stauen, entstand, weil die Technik der Venenpunktion im Zusammenhang mit der Serologie entwickelt wurde und nicht mit der quantitativen Chemie. Durch Stagnation wird der Austausch von O_2 und CO_2 vermehrt und der pH erniedrigt. Hinzukommt, daß ungewöhnliche Mengen Wasser oder anderer leicht diffusibler Bestandteile des Plasmas durch die Kapillaren hindurchwandern, was dazu führt, daß makromolekulare Bestandteile um 20 bis 30% konzentriert werden, wenn der Venendruck (und damit der mittlere Kapillardruck) für ein paar Minuten hochgehalten wird. Nicht nur die

Konzentrationen der Plasmaproteine werden erhöht sondern auch alle Enzymaktivitäten und die Konzentrationen von proteingebundenen Bestandteilen, wie Cholesterin, anderer Lipide, Gallenfarbstoffe und des hormonalen Jod.

Plasma und nicht Serum ist zu wählen, wenn Prothrombin, Fibrinogen oder andere Anteile bestimmt werden sollen, die sich bei der Blutgerinnung verändern. Außerdem ergibt eine mikromolekulare Analyse, die Bestimmung der α-Aminosäurekonzentration, *höhere* Werte durch die proteolytischen Reaktionen, die mit der Blutkoagulation verbunden sind. Wenn nicht aus besonderen Gründen Plasma erforderlich ist, bevorzugt man für chemische Analysen Serum, weil kein fremdes Material bei seiner Gewinnung zugefügt werden muß. Fast immer sind Plasmaproben durch Verwendung von Antikoagulantien zumindest leicht kontaminiert.

Das zirkulierende Blut ist keine homogene Flüssigkeit, und es ist oft entscheidend, an welcher Stelle es entnommen wird. Augenfällig ist dies für den Blutsauerstoff-, etwas weniger für den Hämoglobinspiegel. Die Glucose-Toleranzkurve sieht ebenfalls ganz anders aus, wenn sie aus arteriellem Blut (oder aus Blut, das aus einer kleinen Hautincision fließt, wo es sich schnell der arteriellen Zusammensetzung nähert) statt aus venösem Blut bestimmt wird (Abb. 11.2). Ähnlich ist venöses Blut

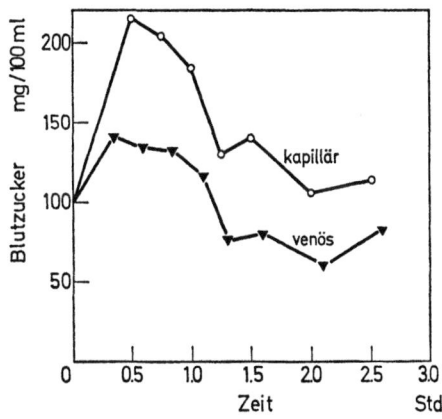

Abb. 11.2. Blutzuckerkurven aus venösem und Kapillar-Blut normaler junger Männer nach Einnahme von 100 g Glucose. Es soll darauf aufmerksam gemacht werden, wie wichtig es ist, daß stets angegeben wird, ob für einen Toleranztest Kapillarblut verwendet wurde. (Nach Foster: J. Biol. Chem. 55, 291 [1923])

vielleicht kein ideales Substrat, wenn wir wissen wollen, welchem P_{NH_3} des Zentralnervensystem ausgesetzt ist.

Vermeidung von Artefakten. Haben wir erst einmal die geeignete Probe gewonnen, dann kann der Spiegel des gefragten Bestandteils auf verschiedene Weise beeinträchtigt werden. CO_2 kann unter Erhöhung des pH in die Atmosphäre entweichen. Glucose kann durch Glykolyse in den Blutzellen oder durch bakterielle Zersetzung verloren gehen. Die saure Phosphatase kann einfach durch spontane Denaturierung des Enzyms bei Raumtemperatur innerhalb weniger Stunden schwinden. Kalium kann aus den roten Blutkörperchen in das Serum übertreten. Hämolyse erhöht den meßbaren Kalium- und Eiweißspiegel im Serum und entläßt Phosphorsäureester in das Serum, wo dann die Wirkung von Phosphatase den Serumphosphatgehalt erhöht.

Für die Behandlung von Blut gibt es keine gemeinsame Standardmethode, mit der gleichzeitig all diese Veränderungen seiner Bestandteile vermieden werden können. Wenn Vollblut analysiert werden muß, sollte es zur Verteilung des Antikoagulans (oder vielleicht eines Konservierungsmittels) sofort durch leichte Drehbewegungen gemischt und anschließend in das Laboratorium gebracht werden. Vor der Entnahme jeder Probe muß es erneut gemischt werden, damit die richtige Verteilung der Zellen wieder erreicht wird. Blut, aus dem Serum gewonnen werden soll, muß mit einer trockenen oder geölten Spritze abgenommen und für die Zentrifugation vorsichtig in ein Röhrchen gebracht werden. Sollen CO_2 und pH bestimmt werden, dann kann man das Blut so in ein Zentrifugenröhrchen überführen, daß die Kanüle in Mineralöl eintaucht und das Öl vom Blut verdrängt wird. Sonst wird die Kanüle vorher entfernt. Nachdem das Blut am besten nicht länger als eine Stunde bei Raumtemperatur gestanden hat, wird es zentrifugiert, das Serum abgetrennt und in einem verschlossenen Röhrchen aufgehoben. Sollen organische Bestandteile bestimmt werden und läßt sich eine Verzögerung nicht vermeiden, dann ist Einfrieren sehr wünschenswert.

Der pH läßt sich gut elektrometrisch bestimmen, wenn man Vollblut vor der Gerinnung verwendet und es unter Öl hält. Der pH, den man dabei erhält, ist natürlich der Plasma-pH. In jedem Fall muß der pH unverzüglich gemessen werden. Wenn man Elektrodengefäß und Elektroden oder die ganze Meßanordnung thermostatisch auf 37° C einstellt, umgeht man die ziemlich großen Korrekturen für die Abweichungen von der Körpertemperatur. Für diese und einige andere Bestimmungen sollte man das Blut wohl erst dann abnehmen, wenn es ohne Verzug im Laboratorium analysiert werden kann.

Interessanterweise kann die Zugabe von Natriumfluorid und Thymol zum Blut den Blutzucker so gut konservieren, daß Blut im Sommer per Post zu einem Laboratorium geschickt werden kann.

Enteiweißung. Wenn Sie sich eine Blutprobe ansehen, werden Sie zugeben, daß dies ein sehr wenigversprechendes Material für Mikroanalysen ist, besonders für solche mit kolorimetrischen Verfahren. Das Serum neigt ebenso wie das Vollblut dazu, bei Zusatz fast eines jeden Reagens zu koagulieren oder trübe zu werden. Aber durch die Maßnahme der Enteiweißung verwandeln wir Blut oder Serum in eine klare, wasserhelle Lösung, die für die Analyse wesentlich besser geeignet ist. Kein einziges Verfahren zur Enteiweißung ist jedoch für alle Vorhaben geeignet.

Bei dem Verfahren nach Folin-Wu ist Wolframsäure das Fällungsmittel; diese wird gewöhnlich in verdünntem Blut durch Zugabe ausgewogener Mengen von Natriumwolframat und Schwefelsäure, gleich in welcher Reihenfolge, erzeugt. Beim klassischen Verfahren wird folgendes zusammengegeben:

    1 Teil Blut,
    7 Teile Wasser,
    1 Teil 10%iges Natriumwolframat (für Serum 5%iges)
    1 Teil $^2/_3$ n H_2SO_4 (Für Serum $^1/_3$ n),
    _____
    10 Teile insgesamt.

Gut schütteln, stehen lassen, filtrieren; wir nehmen dann an, daß jeder Milliliter des Filtrates den Rest-N, Harnstoff, die Glucose und so weiter von 0,1 ml Blut oder Serum enthält.

Dies ist das am meisten verbreitete Verfahren zur Enteiweißung, es ergibt ein Filtrat, dessen Säuregehalt nur einem pH von 4 entspricht und das weitgehend frei ist von Wolframsäure (jedoch natürlich mit Natriumsulfat beladen). Trichloressigsäure gibt bei einer Endkonzentration von gewöhnlich mindestens 4% ein sehr saures Filtrat ab, wodurch bestimmte Bestandteile (zum Beispiel anorganischer Phosphor) mit größerer Sicherheit in Lösung bleiben.

Bei dem Verfahren nach Somogyi werden bei einem Überschuß von wäßrigem Zinkoxyd Zinkproteinate ausgefällt. Während die Wolframsäure- und Trichloressigsäurefiltrate annähernd den gesamten Rest-N enthalten, ist das Somogyi-Filtrat fast frei von Glutathion und hat einen niedrigeren, wenn auch verwertbaren Rest-N-Gehalt. Es ist für Zuckeranalysen bestimmt, Glutathion und andere reduzierende Nichtzucker werden mit den Proteinen gefällt, so daß eine spezifische Analyse möglich ist.

Entsprechend wurden viele andere Verfahren zur Enteiweißung für spezielle Zwecke entwickelt. Alkohol-Enteiweißung wird zum Beispiel häufig bevorzugt, wenn Serum papierchromatographisch untersucht werden soll. Ist ein Enzym zu bestimmen, dann muß man natürlich mit dem Enteiweißen warten, bis das Enzym während eines Standardintervalls eine Testreaktion katalysieren konnte. Um anschließend den Grad der Reaktion zu bestimmen, ist im allgemeinen Enteiweißung erforderlich, die auch dazu dienen kann, die Enzymreaktion nach einem exakten Zeitintervall zu stoppen.

Analysen ohne Enteiweißung. Fast alle enteiweißenden Substanzen hinterlassen eine mit den zugesetzten Reagenzien verunreinigte Lösung; eine Ausnahme ist die Ultrafiltration. In einzelnen Fällen unterläßt man die Enteiweißung, um die Gefahren der Verunreinigung zu umgehen. Chlorid wird zum Beispiel durch Zugabe von Silbernitrat zum

Serum direkt analysiert mit anschließender Digestion des organischen Materials durch kochende Salpetersäure. Das überschüssige Ag^+ wird dann durch Titration bestimmt. Ähnlich wird Calcium vorteilhafterweise direkt aus dem Serum als Oxalat ausgefällt. In beiden Fällen *kann* man die Analyse auch mit einem geeigneten Filtrat vornehmen, aber die Gefahr der Kontamination ist größer.

Flammenphotometrische Analysen werden direkt mit einem stark verdünnten Serum gemacht. Lipide werden mit geeigneten Lösungsmitteln direkt aus dem Serum extrahiert. Kohlendioxyd wird natürlich direkt aus dem Serum ausgetrieben. Gefärbte Substanzen, wie Kongorot, Bromsulfalein, Gallenfarbstoffe, Carotin und Coeruloplasmin können direkt im Serum analysiert werden unter entsprechender Berücksichtigung von pH und Wellenlänge bei der Messung. Außerdem kann eine Reihe ungefärbter Substanzen auf Grund ihrer Absorption im Ultraviolettbereich direkt bestimmt werden. Die Proteine müssen natürlich direkt im Serum oder Plasma bestimmt werden, es sei denn, die „Enteiweißung" fällt spezifisch das zu messende Eiweiß, zum Beispiel Fibrinogen oder die Globuline.

Blutmenge. Bei normalen Methoden kann man vorsichtig veranschlagen, daß mindestens 2 ml Blut für jede erforderliche Analyse abgenommen werden sollten oder 2,5mal soviel, wenn Serum verwendet werden muß. Gewöhnlich wird der Bedarf verhältnismäßig kleiner, wenn mehrere Analysen nötig sind. Ist eine Vene erst einmal punktiert, dann besteht meist kein Grund, weniger als 5 ml zu entnehmen, selbst wenn nur eine Analyse benötigt wird.

Großzügiger eingerichtete und besetzte Laboratorien können Analysen, wenn nötig, mit wesentlich kleineren Probemengen ausführen, obwohl gewöhnlich unter größerem Aufwand. Einzelne Analysen lassen sich in vielen Fällen noch mit 0,1 ml Blut oder Serum vornehmen; man kann sogar mit kleineren Volumina auskommen, aber die Verfahren werden dann noch anspruchsvoller. Solche Mikrotechniken sind dort ein wertvolles Hilfsmittel, wo nur eine kleine Blutprobe ohne weiteres gewonnen werden kann, sie sollten aber gewöhnlich für diese Situation aufgehoben werden.

Erforderliche Genauigkeit. *Qualitative oder quantitative Untersuchung?* Eine Reihe nützlicher Untersuchungen, besonders von Urin, sind *qualitativ* oder, genauer gesagt, *semiquantitativ*. Diese Proben sind so ausgewählt, daß sie dem idealen Grad an Empfindlichkeit möglichst nahe kommen, so daß ein positiver Ausfall diagnostisch signifikant ist. Fällt die Probe negativ aus, dann sagen wir zum Beispiel: „Der Patient hat *kein* Eiweiß im Urin"; dies ist jedoch nicht als wörtlich exakte Feststellung aufzufassen. Manchmal stellt es sich heraus, daß die verfügbaren Methoden *zu* empfindlich sind (zum Beispiel Proben auf Blut im Stuhl). Oft gibt man den positiven Ausfall sogar in fünf Graden an, ±, +, + +, + + +, + + + +. Wenn diese wirklich von allen Untersuchern übereinstimmend anerkannt werden können, nähern wir uns einer quantitativen Methode. Vielleicht ist es besser, wenn der Untersucher statt dessen jedes Analysenergebnis mit einer entsprechenden zahlenmäßigen Konzentrationsangabe versieht, um dadurch eine gewisse Manipulation des Resultates zu ermöglichen. Dann könnte man beispielsweise berücksichtigen, um wieviel das Ergebnis einer positiven Zuckerreaktion ansteigt, wenn ein hoch konzentrierter Urin gebildet wird. Gelegentlich bestehen alte qualitative Methoden fort, selbst wenn neue quantitative Methoden, die sogar einfacher sind, verfügbar werden. Wenn Sie übrigens ein *quantitatives* Ergebnis gleich in eines der drei Fächer stecken — zu niedrig, zu hoch, normal —, dann haben Sie es in eine *semiquantitative* Stellung herabgewürdigt.

Dies stellt uns vor die Frage: Wie genau müssen wir bei einer Analyse für diagnostische Zwecke sein? Hier begegnen wir dem menschlichen Problem, ein notwendiges Maß an Genauigkeit einzuhalten und doch aufwendige, überflüssige Genauigkeit abzulehnen. Will man sparsam sein und den analytischen Aufwand einschränken, dann setzt dies voraus, daß man das Verfahren gründlich kennt und weiß, welche Gesichtspunkte entscheidend sind. Wir können uns zum Beispiel entschließen, mit einem Rest-N zufrieden zu sein, der vielleicht 10% zu hoch oder zu niedrig ist. Das heißt aber nicht, daß wir mit einem Fehler von 10% beim Abmessen eines der beiden enteiweißenden Agenzien „durchkommen". Wir werden dann vielleicht feststellen, daß wir einen endgültigen Fehler von 100% gemacht haben. Falls uns die Methode und was mit ihr zusammenhängt nicht gründlich vertraut ist, wäre es besser, jede Einzelheit respektvoll anzuerkennen. Andererseits verwendet der moderne Forscher viele einfache Verfahren, die bisweilen klassischchemische Grundforderungen zu verletzen scheinen. Die Entscheidung ist nicht starr, sie hängt vielmehr davon ab, wie sich die erforderliche Genauigkeit zu der technisch nun einmal erreichbaren verhält.

Ungenauigkeit im klinischen Laboratorium beruht weniger darauf, daß man an sich zu grobe Methoden auswählt, als vielmehr darauf, daß man nicht ständig mit Nachdruck für einwandfreies Arbeiten der Methoden sorgt. Warum dies vorkommt, behandelt der folgende Abschnitt.

Auswahl der Laboratoriumsbestimmungen. Wie gut Sie in der Laboratoriumsdiagnostik geschult sind, wird sich hier vielleicht am schnellsten zeigen. Als vertretbare Ziele einer Laboratoriumsanalyse wollen wir die beiden folgenden vorschlagen:

1. Diagnose und Therapiekontrolle,
2. Lehre und Forschung.

Fragwürdig sind einige andere Gründe für eine Analyse:

1. Die Analyse ist bei dieser Krankheit von jeher üblich.
2. Jeder freut sich, ein vorhergesagtes Ergebnis bestätigt zu sehen.

3. Suche nach einem Anhaltspunkt.
4. Ein Vorgesetzter könnte fragen: „Wurde die ... bestimmt?"

In manchen Lehrkrankenhäusern ermutigt man die Assistenten dazu, zahlreiche Analysen für Unterrichtszwecke anzufordern ohne Rücksicht darauf, ob der Aufwand ökonomisch ist. Dieses Verhalten hat zweifellos besondere Vorteile für den Unterricht, es kann aber zur Folge haben, daß sich das Bewußtsein, auswählen zu müssen, nur verzögert entwickelt. Der Verfasser meint, daß die erzieherische Atmosphäre dann am gesündesten ist, wenn man es fast so freimütig ablehnt, unnötige Analysen anzuordnen wie erforderliche Untersuchungen zu unterlassen. Für Unterrichtszwecke muß man natürlich einer vorhandenen Praktikantengruppe jede Art diagnostischer Untersuchungen vorführen, sooft sich Gelegenheit dazu bietet, man braucht aber ähnliche Untersuchungen nicht ständig zu wiederholen, es sei denn, daß eine neue Gruppe von Praktikanten dazukommt.

Wir vertreten diese Ansicht, weil wir glauben, daß fast nie genug Laboratoriumskräfte vorhanden sind, die alle erforderlichen Aufgaben erfüllen könnten. Wenn das Laboratorium für seine Arbeit genügend Zeit zu haben *scheint*, kann dies sehr gut eine Täuschung sein. Erstens hatten die meisten klinisch-chemischen Laboratorien viele Jahre lang keine Zeit, Analysen doppelt auszuführen und bekannte Vergleichswerte und Kontrollen mitlaufen zu lassen, so daß diese Ideale schon fast vergessen sind. Zweitens wird sich der Arzt kaum vorstellen können, wie „maßgeschneidert" die Arbeit eines ungehetzten, gut besetzten Laboratoriums für ihn sein kann. Die Lösung spezieller Probleme läßt sich selten mit der gegenwärtigen Arbeitsbelastung des Laboratoriums vereinbaren.

Einige Nachforschungen haben ergeben, daß der Patient für sein Geld häufig keine befriedigenden Laborleistungen erhält. Immer wenn der Arzt Mißtrauen gegen eine Laboranalyse faßt, sollte er daran denken, daß man aus *individueller und kollektiver Verantwortung in der Medizin* die Qualität dieser Dienste schützen sollte. Die gegenwärtigen Gebührenordnungen sind oft schlechthin unvereinbar mit guten Ergebnissen. Weil klinische Laboratorien jahrelang meist die weniger aufwendigen, qualitativen Untersuchungen ausführten und wenige der modernen quantitativen chemischen Analysen, blieb wahrscheinlich die Bezahlung sowohl des technischen als auch des leitenden Personals weit hinter den Gehältern zurück, die Industrie und private Laboratorien zur Deckung ihrer Entscheidungen für nötig halten. Daß in vergangener Zeit ausgebildete, hervorragende Könner sich hergaben, hat den Mangel oft verschleiert, genauso wie es das unsaubere Arbeiten mit Analysen ohne Kontrollen oder Doppelansätze tat.

Die Krankenhausverwalter halten an dem Grundsatz fest, daß Laboratorien und Röntgenabteilungen über ihre Selbsterhaltung hinaus etwas abwerfen müssen. Könnte dieser Wahn, soweit er das Laboratorium betrifft, aufgegeben werden, dann wären wir ein ganzes Stück dem Ziel näher, biochemische Beobachtungen soweit wie möglich der Medizin dienstbar zu machen.

Wenn das Laboratorium sich abmüht, seine Analysenergebnisse aber nur auf kritiklose Skepsis stoßen und wenn man noch mehr gleichartige Untersuchungen von ihm verlangt, dann kommt zu dem ökonomischen Problem noch ein moralisches. Ein Medizinstudent, der selbst mit Laboratoriumsanalysen zu kämpfen hat, mag anfangs versucht sein, sich zufrieden zu geben, wenn er die Schwierigkeiten sieht, auf die andere bei quantitativen Verfahren treffen. Er sollte aber daran denken, daß er einmal die Verantwortung dafür zu übernehmen hat, daß diese Dienste ihre Qualität behalten.

Man kann mit wenigen Worten, wie es hier versucht wurde, nur einige Grundprinzipien darüber aufstellen, wie man Analysen auswählt, die Art des Probematerials bestimmt und dafür sorgt, daß seine Zusammensetzung gleich bleibt, und schließlich darüber, wie man eine Konzentrationsveränderung deutet. Aber das Gelingen dieser Dinge hängt davon ab, ob man die Eigenart des Untersuchungsmaterials und die Prinzipien, die dessen Verteilung und Stoffwechsel beherrschen, versteht.

Literatur

Wozu eine Arbeit zitiert wurde, wird hauptsächlich dann erläutert, wenn sie nicht schon im Text erwähnt ist. Das Literaturverzeichnis wurde kurz gehalten. Im Anschluß an die englische finden Sie Beispiele deutschsprachiger Literatur.

Kapitel 3 und 4

Atchley, D. W., R. F. Loeb, D. W. Richards, E. M. Benedict, and M. E. Driscoll: J. Clin. Invest. **12**, 297 (1933).
Atkins, E. L., and W. R. Schwartz: J. Clin. Invest. **41**, 218 (1962). (Chlorid bei der Korrektur der Alkalose)
Berliner, R. W., T. J. Kennedy, and J. Orloff: Amer. J. Med. **11**, 274 (1951).
—, and D. G. Davidson: J. Clin. Invest. **36**, 1416 (1957).
Bergstrom, W. H., and W. M. Wallace: J. Clin. Invest. **33**, 867 (1954). (Natrium im Knochen)
Caldwell, P. C., A. L. Hodgkin, R. D. Keynes, and T. I. Shaw: J. Physiol. **152**, 561, 591 (1960).
Christensen, H. N.: Biological Transport. New York 1962.
Clarke, H. T. (ed.): Ion Transport Across Membranes. New York 1954.
Conn, J. W.: J. Lab. Clin. Med. **45**, 3 (1955). (Primärer Aldosteronismus)
—, S. S. Fajans, L. H. Louis, D. H. P. Streeten, and R. D. Johnson: Lancet **1**, 802 (1967).
Conway, E. J., and P. J. Boyle: Nature **144**, 709 (1939).
—, and F. Duggan: Biochem. J. **69**, 265 (1958). (Kationen-Carrier in Hefe)
Cooke, R. E., W. E. Segar, C. Reed, D. D. Etzwiler, M. Vita, S. Brusilow, and D. C. Darrow: Amer. J. Med. **17**, 180 (1954). (Alkalose und Kaliummangel)
Darrow, D. C.: New England J. Med. **233**, 91 (1945). (Übersicht)
— J. Pediat. **28**, 515 (1946). (Kaliummangel bei Diarrhoe)
—, and S. Hellerstein: Physiol. Rev. **38**, 114 (1958).
Eckel, R. E., A. W. Botschner, and D. H. Wood: Amer. J. Physiol. **196**, 811 (1959). (pH des K^+-verarmten Muskels)
Farrell, G.: Physiol. Rev. **38**, 209 (1958). (Regulation der Aldosteronsekretion)
Fong, C. T. O., K. Silver, D. R. Christman, and I. L. Schwartz: Proc. Natl. Acad. Sci. U. S. **46**, 1273 (1960).
Gamble, J. L.: Harvey Lectures **42**, 247 (1946 bis 1947).
Gamble, J. L., Jr., and R. E. Cooke: J. Pediatrics **55**, 296 (1959). (Desoxycorticosteron und K^+-Mangel bei der Genese der metabolischen Alkalose)
Gardner, L. I., E. A. MacLachlan, and H. Berman: J. Gen. Physiol. **36**, 153 (1952).
Gordon, G. L., and F. Goldner: Amer. J. Med. **23**, 543 (1957).
Grollman, A. P., and J. L. Gamble Jr.: Amer. J. Physiol. **196**, 135 (1959). (Alkalose als Desoxycorticosteroneffekt)
Harris, E. J.: Transport and Accumulation in Biological Systems. New York (1956).
Hastings, A. B.: Harvey Lectures **36**, 91 (1940 bis 1941).

Lotspeich, W. D.: Annual Rev. of Physiol. **20**, 339 (1958). (Renaler Transport)
Manery, J. F.: Physiol. Rev. **34**, 334 (1954).
Mudge, G. H.: Bull. N. Y. Acad. Med. **34**, 152 (1958). (Nephropathien mit K^+-Verlust)
Murphy, Q. R. (ed.): Metabolic Aspects of Transport Across Cell Membranes. Madison, Wis., 1957.
Obrink, K. J.: Annual Rev. of Physiol. **20**, 377 (1958). (Verdauungssekretion)
Orloff, J., T. J. Kennedy Jr., and R. W. Berliner: J. Clin. Invest. **32**, 538 (1953).
Perutz, M. F.: Brookhaven Symposia Biol. **13**, 165 (1960).
Reifenstein, E. C. Jr., F. Albright, and S. L. Wells: J. Clin. Endocrinol. **5**, 367 (1945). (Bilanzmethoden in der Stoffwechselforschung)
Schemm, F. R.: Ann. Int. Med. **17**, 952 (1942); — Ann. Int. Med. **21**, 937 (1944); — Lancet **66**, 50 (1946).
Schwartz, W. B., W. Bennet, S. Curelop, and F. C. Bartter: Amer. J. Med. **23**, 529 (1957). (Hyponatriämie)
—, and A. S. Relman: J. Clin. Invest. **33**, 965 (1954).
Shanes, A. M., (ed.): Electrolytes in Biological Systems. Washington 1955.
Steinbach, H. B.: In: Active Transport and Secretion. Symp. Soc. Exp. Biol. **8**, 438. London 1954.
Stewart, J. D., and G. M. Rourke: J. Clin. Invest. **21**, 197 (1942).
Streeten, D. H. P., and A. K. Solomon: J. Gen. Physiol. **37**, 643 (1954). (Steroidwirkungen auf den K^+-Transport in Erythrocyten)
Thorn, N. A.: Physiol. Rev. **38**, 169 (1958). (Antidiuretische Hormone)
Ussing, H. H.: Physiol. Rev. **29**, 127 (1949).
Welt, L. G. (ed.): Essays in Metabolism. Boston 1957.
Wirz, H.: In: The Neurohypophysis. Ed. H. Heller. New York 1957; — Helv. Physiol. Acta **14**, 353 (1956).

Kapitel 5

Albright, F., and E. C. Reifenstein Jr.: The Parathyroid Glands and Metabolic Bone Disease. Baltimore 1948.
Bethune, J. E., and C. E. Dent: Amer. J. Med. **28**, 615 (1960). (Hypophosphatasie beim Erwachsenen)
Bourne, G. H. (ed.): The Biochemistry and Physiology of Bone. New York 1956.
Crawford, J. D., D. Gribetz, W. C. Diner, P. Hurst, and B. Castleman: Endocrinology **61**, 59 (1957). (Vitamin D und die Parathyreoidea)
Dent, C. E.: J. Bone and Joint Surg. **34B**, 266 (1952).
Gardner, L. I., E. A. MacLachlan, W. Pick, M. L. Terry, and A. M. Butler: Pediatrics **5**, 228 (1950).
Gutman, A. B., and E. B. Gutman: Proc. Soc. Exp. Biol. **48**, 687 (1941).
Hegsted, D. M., I. Moscoso, and C. C. Collazos: J. Nutrit. **46**, 181, (1952).
Kyle, L. H., M. Schaaf, and J. J. Canary: Amer. J. Med. **24**, 240 (1958).
Logan, M. A., and H. L. Taylor: J. Biol. Chem. **119**, 293 (1937).
McLean, F. C., and A. B. Hastings: J. Biol. Chem. **108**, 285 (1935).
— Transactions of the 14th Macy Conference (1946), S, 33.
—, and M. R. Urist: Bone, an Introduction to the Physiology of Skeletal Tissue. Chicago 1955.
— Science **127**, 451 (1958). (Übersicht)
Neuman, W. F., and M. W. Neuman: The Chemical Dynamics of Bone Mineral. Chicago 1958.
— — Chem. Rev. **53**, 1 (1963); Amer. J. Med. **22**, 123 (1957).
—, H. E. Firschein, P. S. Chen, Jr., B. J. Mulryan, and V. Di Stefano: J. Amer. Chem. Soc. **78**, 3863—4 (1956).

Nordin, B. E. C.: J. Biol. Chem. **227**, 551 (1957).
Rasmussen, H.: Amer. J. Med. **30**, 112 (1961). (Parathormon)
Robinson, R. A.: J. Bone Joint Surg. **34A**, 389 (1952).
Robinson, J. R., and R. A. McCance: Ann. Rev. of Physiol. **14**, 115 (1952). (Knochenstruktur)

Kapitel 6

Bodansky, O.: Pharmacol. Rev. **3**, 144 (1951).
Coryell, C. D., L. Pauling, and R. W. Dodson: J. Phys. Chem. **43**, 825 (1939).
Davenport, H. W.: The ABC of Acid-Base Chemistry. 3rd ed. Chicago 1950.
Drabkin, D. L.: Physiol. Rev. **31**, 345 (1951).
Gibson, Q. H.: Biochem. J. **42**, 13 (1948).
Ingram, V. M.: Biochem. J. **59**, 653 (1955); Nature **180**, 326 (1957).
— Hemoglobin and Its Abnormalities. Amer. Lectures in Living Chem. Springfield, Ill., 1961.
Perutz, M. F., M. G. Rossman, A. F. Cullis, H. Muirhead, G. Will, and A. C. T. North: Nature **185**, 416 (1960).
Rodman, T., H. P. Close, W. Fraimow, R. Cathcart, and M. K. Purcell: Clin. Research **6**, 189 (1958).
Wyman, J., Jr.: Advances in Protein Chemistry **4**, 407—531 (1948).

Kapitel 7—10

Astrup, P., K. Jørgensen, O. Siggard Andersen, and K. Engel: Lancet **1960 i**, 1035. (Basendefizitmethode)
Baldwin, E.: An Introduction to Comparative Biochemistry. Cambridge 1948. (Die Formen, in denen N ausgeschieden wird)
Cooke, R. E., W. E. Segar, D. B. Cheek, F. E. Coville, and D. C. Darrow: J. Clin. Invest. **31**, 798 (1952). (Alkalose und Kaliummangel)
Darrow, D. C.: Pediatrics **26**, 907 (1960). (Bewegliche Begriffe und starre Terminologie)
Gamble, J. L., Jr.: Bull. Johns Hopkins Hosp. **107**, 247 (1960).
Huckabee, W. E.: Clin. Res. **9**, (1961). („Henderson kontra Hasselbalch")
Kaufman, H. E., and S. W. Rosen: Surg., Gynec., and Obst. **103**, 101 (1956). (Terminologie der Säure-Basen-Regulation)
Mattock, G.: Lancet **1962ii**, 803. („Die Entkleidung des pH")
Peters, J. P., and D. D. Van Slyke: Quantitative Clinical Chemistry. Vol. I. Interpretations. Baltimore 1935.
Pitts, R. F.: Harvey Lectures (1952 bis 1953), S. 172.
Schwartz, W. B., K. J. Ørning, and R. Porter: J. Clin. Invest. **36**, 373 (1957). (Interne Verteilung des Wasserstoffions)
Shock, N. W., and A. B. Hastings: J. Biol. Chem. **112**, 239 (1935).
Singer, R. B., and A. B. Hastings: Medicine **27**, 223 (1948).
Van Slyke, D. D., R. A. Phillips, P. B. Hamilton, R. M. Archibald, P. H. Futcher, and A. Hiller: J. Biol. Chem. **150**, 481 (1943). (Herkunft des Urin-NH_3)
Verschiedene Autoren: Amer. J. Med. **24**, 659 (1958). (Symposium über „Nierenphysiologie". Hrsg.: G. H. Mudge and J. V. Taggart.)
Welt, L. G.: Clinical Disorders of Hydration and Acid-Base Equilibrium. 2. Aufl. Boston 1959.

Kapitel 11

Annino, J. S.: Clinical Chemistry. Boston 1956; — Standard Methods of Clinical Chemistry. Vol. I. Hrsg.: M. Reiner. New York 1953; — Standard Methods of Clinical Chemistry. Vol. II. Hrsg.: D. Seligson. New York 1958.

Knights, E. M., Jr., R. P. MacDonald, and J. Ploompsun: Ultramicro Methods for Clinical Chemists. New York 1957.
Rourke, M., et al.: New England J. Med. **254**, 29 (1956). (Die im Massachusetts General Hospital üblichen Methoden und Standards)

Deutschsprachige Handbücher und Monographien, die den Stoff betreffen

Aktuelle Probleme der Hämodialyse und der chronischen Niereninsuffizienz. Hrsg.: P. v. Dittrich u. a. München-Berlin-Wien: Urban & Schwarzenberg 1966. Anasthesiologie und Wiederbelebung. Hrsg.: R. Frey, F. Kern u. O. Mayrhofer. Berlin-Heidelberg-New York: Monographien-Reihe des Springer-Verlags.
   5. Band: Infusionsprobleme in der Chirurgie (1968).
   6. Band: Parenterale Ernährung (1966).
 11. Band: Der Elektrolytstoffwechsel von Hirngewebe und seine Beeinflussung durch Narkotica (1967).
 12. Band: Sauerstoffversorgung und Säure-Basenhaushalt in tiefer Hypothermie (1966).
 13. Band: Infusionstherapie (1966).
 22. Band: Ateminsuffizienz (1968).
 29. Band: Kontrolle der Ventilation in der Neugeborenen- und Säuglings-Anästhesie (1968).
Automatisierung des klinischen Laboratoriums. Hrsg.: G. Griesser u. G. Wagner. Stuttgart-New York: Schattauer 1967.
Bland, J. H.: Störungen des Wasser- und Elektrolythaushaltes. Deutsche Übersetzung. Stuttgart: Thieme 1959.
Colloquien der Gesellschaft für Biologische Chemie. 12. Colloquium 1961: Biochemie des aktiven Transports. Berlin-Göttingen-Heidelberg: Springer 1961.
Doerffel, K.: Beurteilung von Analysenverfahren und -ergebnissen. Berlin-Heidelberg-New York: Springer 1965.
Erbliche Stoffwechselkrankheiten. Hrsg.: F. Linneweh. München-Berlin-Wien: Urban & Schwarzenberg 1962.
Fleischer, W. u. E. Fröhlich: Elektrolyt-Kompendium. Basel-Stuttgart: Schwabe 1960.
Hallmann, L.: Klinische Chemie und Mikroskopie. Stuttgart: Thieme 1966.
Handbuch der inneren Medizin. Hrsg.: H. Schwiegk. Berlin-Heidelberg-New York: Springer. IV. Band: Erkrankungen der Atmungsorgane (1956). VIII. Band: Nierenkrankheiten (1968).
Handbuch der Kinderheilkunde. Hrsg.: H. Opitz u. F. Schmidt. Berlin-Heidelberg-New York: Springer. VII. Band: Lungen — Luftwege, Herz — Kreislauf, Nieren — Harnwege (1966).
Handbuch der Urologie. Hrsg.: C. E. Alken, V. W. Dix, W. E. Goodwin u. E. Wildbolz. Berlin-Heidelberg-New York: Springer. II. Band: Physiologie und pathologische Physiologie (1965). III. Band: Symptomatologie und Untersuchung von Blut, Harn und Genitalsekreten (1960).
Hinsberg, K. u. K. Lang: Medizinische Chemie für den klinischen und theoretischen Gebrauch. München-Berlin-Wien: Urban & Schwarzenberg 1957.
Hoff, F.: Klinische Physiologie und Pathologie. Stuttgart: Thieme 1962.
Hoppe-Seyler/Thierfelder: Handbuch der physiologisch- und pathologisch-chemischen Analyse. Berlin-Heidelberg-New York: Springer 1953 bis 1966.
Keuth, U.: Das Membransyndrom des Früh- und Neugeborenen. Berlin-Heidelberg-New York: Springer 1965.
Kienle, G.: Hydrodynamik, Elektrolyt- und Säure-Basenhaushalt im Liquor und Nerven-System. Stuttgart: Thieme 1967.

Klinische Laboratoriumsdiagnostik. Hrsg.: N. Henning. München-Berlin-Wien: Urban & Schwarzenberg 1966.

Kongenitale Störungen des Wasser- und Elektrolythaushaltes. Hrsg.: H. Hungerland u. Brodehl. Berlin-Göttingen-Heidelberg: Springer 1962.

Lehrbuch der speziellen pathologischen Physiologie. Hrsg.: H. Heilmeyer. Stuttgart: Fischer 1968.

Mattenheimer, H.: Mikromethoden für das klinisch-chemische und biochemische Laboratorium. Berlin: De Gruyter 1966.

Merill, J. P.: Die Behandlung der Niereninsuffizienz. Deutsche Übersetzung. München-Berlin-Wien: Urban & Schwarzenberg 1967.

Mertz, D. P.: Die extracelluläre Flüssigkeit. Stuttgart: Thieme 1962.

Müller-Seifert: Taschenbuch der medizinisch-klinischen Diagnostik. Berlin-Heidelberg- New York: Springer 1966.

Netter, H.: Theoretische Biochemie. Berlin-Göttingen-Heidelberg: Springer 1959.

Pauli, H.: Die respiratorische Säure-Basen-Regulation in Physiologie und Klinik. Basel-Stuttgart: Schwabe 1964.

Pathologie und Klinik in Einzeldarstellungen. Hrsg.: W. Siegenthaler. IX. Band: Klinische Physiologie und Pathologie des Wasser- und Salzhaushaltes. Berlin-Göttingen-Heidelberg: Springer 1961.

Physiologie der Atmung. J. H. Comroe. Deutsche Übersetzung. Stuttgart-New York: Schattauer 1968.

Postoperative Störungen des Elektrolyt- und Wasserhaushaltes. Hrsg.: E. S. Bücherl, F. Krück, W. Leppla u. F. Scheler. Stuttgart-New York: Schattauer 1968.

Rauen, H. M.: Biochemisches Taschenbuch. Teil 1 und 2. Berlin-Göttingen-Heidelberg-New York: Springer 1964.

Reissigl, H.: Praxis der Flüssigkeitstherapie. München-Berlin-Wien: Urban & Schwarzenberg 1965.

Royer, P., R. Habib u. H. Mathieu: Nephrologie im Kindesalter. Deutsche Übersetzung. Stuttgart: Thieme 1967.

Sartorius, H.: Klinik und Therapie des Wasser- und Elektrolythaushaltes für die Praxis. Stuttgart: Enke 1964.

Schoen, R., u. H. Südhof: Biochemische Befunde in der Differentialdiagnose innerer Krankheiten. Stuttgart: Thieme 1965.

Schwab, M,. u. K. Kühns: Die Störungen des Wasser- und Elektrolytstoffwechsels. Berlin-Göttingen-Heidelberg: Springer 1959.

Truniger, B.: Wasser- und Elektrolytfibel. Stuttgart: Thieme 1967.

Wetzels, E. (Hrsg.): Hämodialyse und Peritonealdialyse. Berlin-Heidelberg-New York: Springer 1968.

Anhang

Prüfungsbeispiele aus der klinischen Chemie

Diese Beispiele sollen dem Selbststudium dienen; der Autor glaubt, daß sie das Verständnis für dieses Arbeitsgebiet mehren werden, weil man sich ein eigenes Urteil bilden muß, wenn man die Fragen beantwortet. Sie umfassen das etwas größere Stoffgebiet der „*Diagnostic Biochemistry*", Oxford University Press, 1959. Die richtigen Antworten finden Sie am Ende dieses Abschnittes. Über ihre augenblickliche und dauernde Gültigkeit läßt sich oftmals diskutieren. Ein umfangreiches, älteres Verzeichnis ähnlicher Beispiele, die sich mit der gesamten Biochemie befassen, stellt der Autor auf Anforderung biochemischen und medizinischen Instituten zur Verfügung.

Teil I

Im folgenden sind jeweils mehrere numerierte Fragenbeispiele und mit Buchstaben gekennzeichnete Antwortmöglichkeiten zu Gruppen zusammengefaßt. Setzen Sie in die Klammer von jedem Fragenbeispiel den Buchstaben der passenden Antwort ein.

- A. Thymolblau, $pK_1=1,5$; $pK_2=8,9$
- B. Bromkresolgrün, $pK=4,7$
- C. Phenophthalein, $pK=9,7$
- D. Keines der genannten

( ) 1. Ideal für die Bestimmung der titrierbaren Acidität im Urin
( ) 2. Kann für die Bestimmung des pH von Urin gelegentlich geeignet sein
( ) 3. Geeignet für die Titration von 0,1 n HCl in Gegenwart von NH_4Cl
( ) 4. Meist geeignet für die kolorimetrische pH-Bestimmung von normalem Magensaft
( ) 5. Geeignet, wenn die Stärke einer KH_2PO_4-Lösung durch Titration mit Standard-NaOH bestimmt werden soll

- A. Ein Indikator mit einem pK von 4,7
- B. Ein Indikator mit einem pK von 1,5
- C. Ein Indikator mit einem pK von 9,7
- D. Ein Indikator mit einem pK von 7,0

( ) 6. Bei der Titration einer 0,1 n HCl nicht zu verwenden
( ) 7. Geeignet für die Titration einer 0,1 n HCl aber nicht für die Titration einer 0,001 n HCl
( ) 8. Verwendbar bei der pH-Bestimmung von $[HPO_4^{--}]/[H_2PO_4^{-}]$-Puffern ($pK_2'$ für H_3PO_4: 6,8)
( ) 9. Geeignet bei der Titration des zweiten H^+ von H_3PO_4, aber nicht, wenn NH_4^+ ebenfalls anwesend ist
( ) 10. Verwendbar bei der pH-Bestimmung von CO_3^{--}/HCO_3^{-}-Puffern (zweiter pK' von H_2CO_3 ist 9,76)

A. Konzentration des ionisierten Ca im zirkulierenden Blutplasma
B. Konzentration des nicht ionisierten Ca im zirkulierenden Plasma
C. Konzentration von PO_4^{---} im zirkulierenden Plasma
D. Konzentration von Na^+ im zirkulierenden Plasma
E. Nichts davon

Bei einer Normalperson:

( ) 11. Pflegt direkt mit der Plasmaproteinkonzentration zu variieren
( ) 12. Wichtig für die Blutgerinnung
( ) 13. Wird durch ein Ansteigen des Blut-pH äußerst schnell erhöht
( ) 14. Die Amplitude des Herzschlags pflegt damit zu variieren — innerhalb gewisser Grenzen
( ) 15. Pflegt abzusinken, wenn Parathormon injiziert wird
( ) 16. Steigt mit Wahrscheinlichkeit an, wenn Aldosteron gegeben wird

A. Addisonsche Krankheit
B. Cushing-Syndrom
C. Gewöhnliche Rachitis
D. Tetanie bei Hypoparathyreoidismus
E. Nichts vom Genannten

( ) 17. Ist von einer erhöhten Kaliumkonzentration im Serum begleitet
( ) 18. Ist von ausgedehnten Natriumverlusten in den Urin begleitet
( ) 19. Ist häufig begleitet von einer erniedrigten Konzentration des anorganischen Phosphors im Serum
( ) 20. Geht oft mit Alkalose einher
( ) 21. Geht im allgemeinen mit einer erhöhten Serumcalcium-Konzentration einher
( ) 22. Ist im allgemeinen von einer schweren Verminderung des extracellularen Flüssigkeitsvolumens begleitet

A. 2,0
B. 4,0
C. 8,0
D. 16,0
E. Keiner dieser Werte

( ) 23. Milliäquivalent Calcium pro Liter bei einer Serumkonzentration von 8,0 mg% Ca (Atomgewicht von Ca: 40)
( ) 24. Liegt innerhalb der normalen Grenzen für die Serum-Kaliumkonzentration in Milliäquivalent pro Liter
( ) 25. Die Hämoglobinkonzentration in Millimol pro Liter einer Blutprobe, deren Sauerstoffkapazität 17,9 Vol.-% beträgt
( ) 26. Millimol anorganisches P pro Liter in einer Serumprobe mit 3,1 mg% P (Atomgewicht von P: 31)
( ) 27. Anzahl möglicher Isomerer von der Struktur $CH_3 \cdot CHOH \cdot CHNH_3^+ \cdot COO^-$
( ) 28. Die Ladung eines Alphateilchens

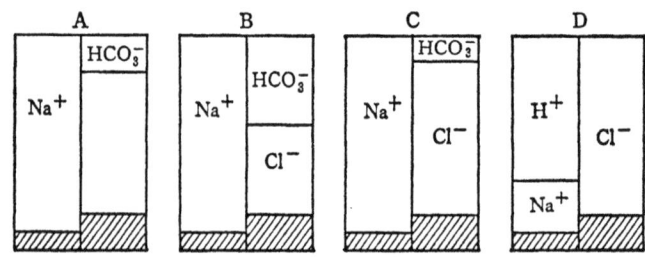

E. Nichts davon
( ) 29. Gibt etwa die normalen Elektrolytverhältnisse des Serums wieder
( ) 30. Serumelektrolytverhältnisse, die auf eine schwere metabolische Acidose hinweisen
( ) 31. Elektrolytzusammensetzung, die am ehesten der von Pankreassaft entspricht
( ) 32. Serumelektrolyte, die auf metabolische Alkalose hinweisen
( ) 33. Elektrolytzusammensetzung, die am ehesten der von Magensaft entspricht
( ) 34. Wenn Erbrechen von Magensaft die Elektrolytverhältnisse des Serums durcheinanderbringt, ist wahrscheinlich diese Situation zu erwarten

	HCO_3^- mval/l	H_2CO_3 mMol/l	pH
A.	40	1,3	7,3
B.	26	1,3	7,4
C.	32	2,0	7,3
D.	20	1,2	7,3

E. Keine der Angaben
( ) 35. Zueinander passende Serumwerte bei einer metabolischen Acidose
( ) 36. Zueinander passende Serumwerte bei einer respiratorischen Acidose
( ) 37. Werte, die gemeinsam einem Normalzustand entsprechen
( ) 38. Serumwerte, die nicht zueinander passen
( ) 39. Zueinander passende Werte bei einer kompensierten Alkalose

A. Ein ungewöhnlich hohes Urinbicarbonat liegt vor
B. Man wird voraussichtlich ein ungewöhnlich hohes Urin-P finden
C. Dies muß ein analytischer Fehler sein
D. Ein hohes NH_4^+ ist zu erwarten
E. Falls überschüssiges H^+ überhaupt ausgeschieden wird, muß dies in Form von NH_4^+ geschehen
F. Keine dieser Behauptungen trifft zu

Der 24-Std-Urin eines Patienten hat:
( ) 40. Einen pH von 6,2 und eine titrierbare Acidität von 50 millival pro Tag
( ) 41. Einen pH von 4,8 und eine titrierbare Acidität von 26 millival pro Tag
( ) 42. Einen pH von 7,4 und eine titrierbare Acidität von 2,6 millival pro Tag
( ) 43. Einen pH von 6,2 und eine titrierbare Acidität von 20 millival pro Tag
( ) 44. Einen pH von 7,4
( ) 45. Eine titrierbare Acidität von minus 40 Milliäquivalent pro Tag

A. Weniger als 1
B. 27
C. 32
D. 37
E. 69
F. Mehr als 70

Ein 24-Std-Urin (Volumen: 850 ml) hat einen pH von 4,8. Die titrierbare Acidität beträgt 32 Milliäquivalent; im Gesamtvolumen sind enthalten: 37 Milliäquivalent Ammoniumionen, 34 Millimol anorganischer Phosphor, 105 Milliäquivalent Chlorid. pK_2 von Phosphorsäure: 6,8; log 2 = 0,3; log 3 = 0,48; log 4 = 0,6. Im vorliegenden Beispiel kommt am nächsten:

( ) 46. Der Zahl Milliäquivalent H⁺, die durch die Fähigkeit der Niere, den Urin zu säuern, ausgeschieden wurden.
( ) 47. Der Gesamtzahl Milliäquivalent H⁺, die aufgrund verschiedener spezieller Nierenleistungen ausgeschieden wurden.
( ) 48. Den Milliäquivalent an freiem H⁺, das im Urin ausgeschieden wurde.
( ) 49. Den im Urin ausgeschiedenen Milliäquivalent Bicarbonat.
( ) 50. Den Milliäquivalent der titrierbaren Acidität, die sich durch das vorhandene anorganische Phosphat erklären lassen.

Der Harnstoff-N im Blut

    A. Steigt kontinuierlich mit zunehmender Zeitdauer
    B. Sinkt kontinuierlich mit zunehmender Zeitdauer
    C. Steigt auf einen bedeutend höheren Wert
    D. Sinkt auf einen bedeutend niedrigeren Wert
    E. Bleibt im wesentlichen konstant

( ) 51. Wenn die Harnstoffclearance auf ein Drittel der Norm vermindert ist
( ) 52. Wenn ein wohlernährter Erwachsener seine Eiweißaufnahme verdoppelt
( ) 53. Wenn eine Person zunehmend dehydratisiert wird
( ) 54. Wenn eine Person ohne gleichzeitige Dehydratation fastet

    A. Pregnandiol-Glucuronid
    B. 17-Ketosteroide
    C. Glucuronide
    D. Keines der genannten

( ) 55. Die im Urin ausgeschiedene Menge kann für die Schätzung der Androgenproduktion verwendet werden
( ) 56. Die im Urin ausgeschiedene Menge ist ein nützlicher Hinweis auf den normalen Ablauf einer Schwangerschaft
( ) 57. Die im Urin ausgeschiedene Menge kann bei der Abschätzung der Nebennierensteroidproduktion von Wert sein
( ) 58. Der Gehalt im Urin wird wahrscheinlich immer erhöht sein, wenn die Ausscheidung fast jedes beliebigen Steroids vermehrt ist oder wenn bestimmte Medikamente gegeben werden
( ) 59. Die im Urin ausgeschiedene Menge ist ein Maß für die Stilboestrol-Sekretion

G. keines davon

Die numerierten Beispiele beziehen sich auf die Steroide, von denen Strukturanteile jeweils in (A), (B), (C), (D), (E) und (F) dargestellt sind.

( ) 60. Reduziert Benedicts Reagenz und gibt mit Phenylhydrazin eine Farbreaktion.
( ) 61. Eine Eigenschaft, die für eine nützliche Farbreaktion verantwortlich ist, die Zimmermannsche Reaktion mit 1,3-Dinitrobenzol
( ) 62. Wichtig für die Fettsäureresorption
( ) 63. Ein Steroid mit 18 C-Atomen
( ) 64. Hat die Aufgabe, die Uterusmuskulatur während der Schwangerschaft ruhig zu stellen
( ) 65. Stimuliert die Entwicklung und Vaskularisation des Endometriums im Uterus
( ) 66. Kann sowohl ein Androgen als auch ein Östrogen sein
( ) 67. Kann möglicherweise an C_{11} ein Sauerstoffatom tragen
( ) 68. Kommt als Teil eines natürlichen Steroidhormons nicht vor

    A. Thyreoglobulin
    B. Freies, dialysierbares Thyroxin und Trijodthyronin
    C. Thyroxin und Trijodthyronin, peptidartig an Proteine gebunden
    D. Thyroxin und Trijodthyronin in lockerer Bindung an einen Serumeiweißkörper
    E. Jodid

( ) 69. Die Form, in der Jod erstmalig in die Schilddrüse gelangt
( ) 70. Form, in der das Jod im Schilddrüsen„kolloid" hauptsächlich vorliegt
( ) 71. Wird gemessen, wenn wir das „proteingebundene Jod" im Serum bestimmen
( ) 72. Form, in der Schilddrüsenhormon im Kreislauf transportiert wird

    A. Zu starkes Stauen bei der Blutabnahme
    B. Schwund eines Blutbestandteils aufgrund falscher Aufbewahrung
    C. Hämolyse
    D. Ungenügende Enteiweißung
    E. Verwendung von Kaliumoxalat als Anticoagulans
    F. Es besteht kein Anlaß zu dem Verdacht, das Ergebnis sei unzuverlässig

Welche Schlußfolgerung trifft bei den folgenden Situationen am ehesten zu?

( ) 73. Für das Serum-K^+ wurde ein Wert von 10 Milliäquivalent angegeben, obwohl der Patient ein normales Elektrocardiogramm hatte
( ) 74. Der Blutzucker sollte bei 28 mg-% liegen, der Patient hatte jedoch keine Beschwerden
( ) 75. Blut, von einer Normalperson abgenommen, zeigte einen pH von 8,05
( ) 76. Der Rest-N im Serum betrug 80 mg-%; der Harnstoff-N lag bei 10 mg-%; Harnsäure- und Kreatininspiegel waren normal
( ) 77. Eine Plasmaprobe zeigte keinen meßbaren Calciumgehalt
( ) 78. Das Laboratorium konnte im Serum keine saure Phosphatase nachweisen. Bei der Operation fand man anschließend ein Prostatacarcinom mit Metastasen im Becken

    A. Ungenügend gereinigter Apparat
    B. Falsches Verhältnis zwischen zwei verwendeten Reagenzien
    C. Ungenügendes Mischen
    D. Das Reagenz wurde vom Reaktionsprodukt nicht durch Waschen entfernt
    E. Bei der verwendeten Methode kein abnormes Ergebnis

Wodurch lassen sich die folgenden Schwierigkeiten bei der biochemischen Analyse am ehesten erklären?

( ) 79. Ein Filtrat von Blut, das mit Wolframsäure versetzt worden war, sieht braun und trübe aus
( ) 80. Bei der Harnstoffbestimmung mit Urease wird kein Ammoniak frei
( ) 81. Bei der Bestimmung von Serumalbumin mit der Howe-Methode (Na_2SO_4) findet man 20% mehr Albumin, als in Wirklichkeit vorhanden ist
( ) 82. Bei einer Bestimmung des Ammoniak-N im Urin erhält man eine trübe Lösung, obwohl die vorgeschriebene Menge von Nesslers Reagens verwendet wurde

    A. Elektrometer
    B. Geiger-Müller-Zähler
    C. Szintilationszähler
    D. Massenspektrometer
    E. Zyklotron
    F. Keines der genannten

( ) 83. Für die Messung stabiler Isotope zu verwenden
( ) 84. Zu verwenden für die Herstellung radioaktiver Isotope
( ) 85. Für die Unterscheidung stabiler Isotope von radioaktiven zu verwenden
( ) 86. Mißt die Energie, die durch Strahlung abgegeben wird
( ) 87. Sehr brauchbar für die Messung von ^{14}C
( ) 88. Am geeignetsten für die Messung von Gammastrahlung
( ) 89. Lichtblitze werden dabei eigentlich gemessen

Teil II

Im folgenden sind zwei Behauptungen und die Worte „beides" und „keines von beiden" mit Buchstaben versehen; ihnen schließen sich einige numerierte Fragen an. Wenn nur eine der beiden Behauptungen mit Buchstaben zu einem numerierten Beispiel paßt, dann setzen Sie den entsprechenden Buchstaben, A oder B, in die Klammer. Passen beide Behauptungen, dann setzen Sie den Buchstaben C ein; trifft keine zu, tragen Sie ein D ein.

    A. Phenolphthalein, $pK = 9,7$
    B. Bromkresolgrün, $pK = 4,7$
    C. Beides
    D. Keines von beiden

Brauchbarer Indikator, wenn ...

( ) 90. man HCl titrieren will; NH_4Cl, das stören könnte, ist nicht vorhanden
( ) 91. man den pH von Magensaft kolorimetrisch bestimmen will (pH gewöhnlich zwischen 1 und 3,5)
( ) 92. man die H_3PO_4-Konzentration durch Titrieren bestimmen will (pK-Werte: 2,0, 6,7, 12,7)
( ) 93. man die Konzentration von Glycin in einer Lösung, die sonst nichts enthält, durch Titration bestimmen will
( ) 94. man die Konzentration von Milchsäure ($pK = 3,9$) titrimetrisch bestimmen will
( ) 95. man den pH von Urinproben in dem Bereich zwischen 5,5 und 7,5 bestimmen will

    A. Optische Dichte
    B. Durchlässigkeit (Transparenz)
    C. Beides
    D. Keines von beiden

( ) 96. Nach dem Beerschen Gesetz direkt proportional der Konzentration der farbgebenden Substanz
( ) 97. Direkt proportional der Wellenlänge des verwendeten Lichtes
( ) 98. Die Leerprobe, auf die man sich bezieht, ergibt den Wert Null
( ) 99. Direkt proportional der Menge an Lichtenergie, die die Lösung passiert
( ) 100. Wenn man bei einer blauen Lösung ein blaues Filter verwendet, ist sie höher, als wenn man ein rotes Filter nimmt

Die Zeichnung stellt zwei Kammern dar, die durch eine Cellophanmembran getrennt sind. In beide Räume kommt eine 0,1 m NaCl-Lösung. Dann wird Natriumribonucleat als Substanz dem Raum 1 zugesetzt und darin gelöst. Die großen, polyvalenten Ribonucleat-Anionen können die Membran nicht passieren, doch Na$^+$, Cl$^-$ und Wasser geht hindurch.

A. Natriumionen
B. Chloridionen
C. Beide
D. Keines der beiden

( ) 101. Nettobewegung von Raum 1 in Raum 2
( ) 102. Nettobewegung von Raum 2 in Raum 1
( ) 103. Im Gleichgewicht ist ihre Konzentration in Raum 1 höher als in Raum 2
( ) 104. Im Gleichgewicht ist ihre Konzentration in Raum 2 höher als in Raum 1
( ) 105. Nettobewegung findet in der gleichen Richtung statt wie Wasserbewegung

A. Extracelluläre Flüssigkeit
B. Celluläre Flüssigkeit
C. Beide
D. Keine der beiden

( ) 106. Die Anionen sind größtenteils organische Anionen
( ) 107. Mindestens 40% des gesamten osmotischen Druckes geht auf Anionen zurück
( ) 108. Der Magnesiumgehalt liegt über 5 Milliäquivalent pro Kilogramm
( ) 109. Kalium bleibt in diesem Raum ständig eingeschlossen, außer bei Krankheit
( ) 110. Elektrolytgehalt bei Dehydratation deutlich verändert
( ) 111. Gleichzeitiger Nettoverlust von Stickstoff und Phosphor ist ein spezifischer Hinweis auf den Schwund dieser Flüssigkeit
( ) 112. Ihre Abnahme läßt sich genau bestimmen, entweder durch den Nettoverlust von Natrium oder den von Kalium

A. Calciumkonzentration im Serum
B. Serumkonzentration von anorganischem Phosphat
C. Beide
D. Keine von beiden

( ) 113. Erhöhung regt normalerweise die Calcifikation an
( ) 114. Nur ein Teil davon liegt in einer Form vor, die direkt an der Calcifikation beteiligt ist
( ) 115. Die Menge der direkt an der Calcifikation beteiligten Form ist vom pH abhängig
( ) 116. Wird durch Gaben von Parathormon erniedrigt
( ) 117. Pflegt in der späten oder in der terminalen Phase der Nephritis erniedrigt zu sein

A. Calciumresorption aus dem Darm
B. Demineralisation von Knochen
C. Beides
D. Keines von beiden

( ) 118. Begünstigt durch Vitamin D
( ) 119. Begünstigt durch ein saures Milieu
( ) 120. Begünstigt durch einen erniedrigten Phosphatspiegel im Milieu
( ) 121. Begünstigt durch Parathormon
( ) 122. Gehemmt durch Steatorrhoe

A. Serum-Kaliumspiegel
B. Serum-Calciumspiegel
C. Beide
D. Keiner von beiden

( ) 123. Erhöht durch Gaben von Parathormon
( ) 124. Erniedrigt durch Aldosterongaben
( ) 125. Bedrohliche Erhöhungen sind möglich, ohne daß die Zufuhr vorher gesteigert war
( ) 126. Bedrohliche Erniedrigungen sind möglich ohne vorausgehende Änderungen der Zufuhr oder Ausscheidung
( ) 127. Wird gewöhnlich erniedrigt durch Anheben des Serumspiegels an anorganischem Phosphat
( ) 128. Pflegt erhöht zu sein, wenn abnorm gesteigerte Serumproteinkonzentrationen vorliegen
( ) 129. Bei einem Mangel an diesem Element pflegt die extracelluläre Flüssigkeit alkalischer zu sein als sonst

A. Bewegung von Kalium in die Zellen
B. Bewegung von Kalium aus den Zellen
C. Beides
D. Keines von beiden

( ) 130. Völlig unmöglich wegen der Natur der Zellmembran
( ) 131. Erfordert mindestens teilweise Energieaufwand
( ) 132. Bei normal funktionierenden Zellen (zum Beispiel Erythrocyten) ist dies von beiden Vorgängen der wesentlich schnellere
( ) 133. Pflegt durch Dehydratation beschleunigt zu werden
( ) 134. Pflegt durch Glykogensynthese und erhöhten Glucoseumsatz beschleunigt zu werden
( ) 135. Kann an der Entwicklung von Kaliummangelerscheinungen beteiligt sein

A. Chondroitinsulfat
B. Kollagen
C. Beides
D. Keines von beiden

( ) 136. Wichtiger Bestandteil von Knorpel und Knochen
( ) 137. Die Ausrichtung der Kristalle von Knochensalz wird dadurch bestimmt
( ) 138. Wichtiger Bestandteil von Bindegewebe
( ) 139. Makromolekular
( ) 140. Skleroprotein

A. Na^+
B. K^+
C. Beides
D. Keines von beiden

( ) 141. Wenn sich eine Dehydratation entwickelt, ist die Bilanz negativ
( ) 142. Tubuläre Rückresorption wird durch Aldosteron gefördert

( ) 143. Pflegt bei Dehydratation oder Fasten in die Zellen einzudringen
( ) 144. Pflegt während der Behandlung des Coma diabeticum mit Insulin und Glucose in die Zellen zu gehen
( ) 145. Der Serumspiegel pflegt bei der Addisonschen Krankheit erhöht zu sein
( ) 146. Mangel pflegt extracelluläre Alkalose hervorzurufen
( ) 147. Der Gesamtgehalt im Körper ist bei Ascites oder Ödem erheblich vermehrt
( ) 148. Der Körpergehalt dieses Ions läßt sich bestimmen, wenn man seine Serumkonzentration mißt
( ) 149. Begünstigt die Aufnahme von CO_2 durch das Blut

A. Gesamter Sauerstoffgehalt des Blutes
B. Gesamter Kohlendioxydgehalt des Blutes
C. Beides
D. Keines von beiden

( ) 150. Der größte Teil davon ist an Hämoglobin gebunden
( ) 151. Ein größerer Teil davon liegt als diffusibles Ion vor
( ) 152. Die Konzentration ist normalerweise im Blut der Aorta um 30 bis 50% höher als im Blut der Vena cava
( ) 153. Der Konzentrationsunterschied in den beiden genannten Gefäßen beträgt nur rund 10%
( ) 154. Wird durch beschleunigte und vertiefte Atmung stark erhöht
( ) 155. Verminderung beweist, daß die Person durch Acidose bedroht ist
( ) 156. Würde erniedrigt, wenn man Blut in einem offenen Becherglas an der Luft stehen ließe
( ) 157. Bei der Blutentnahme aus einer Vene der Ellenbeuge würde er ansteigen, wenn eine Zeit lang in Schulternähe gestaut würde
( ) 158. Der erreichbare Spiegel ist bei pH 7,5 höher als bei pH 7,3, wenn die Blutprobe einem Druck von 50 mm Hg des betreffenden Gases ausgesetzt wird

A. Chloridkonzentration niedriger
B. Bicarbonatkonzentration niedriger
C. Beides
D. Keines von beiden

Im Vergleich zum normalen Blutplasma:

( ) 159. Magensaft
( ) 160. Darmsekret
( ) 161. Pankreassekret
( ) 162. Speichel, pH = 6,5
( ) 163. Das glomeruläre Filtrat, ein Ultrafiltrat von Plasma

A. Es ergibt sich ein erniedrigter Plasma-pH
B. Es ergibt sich ein erniedrigter Plasma-CO_2-Gehalt
C. Beides
D. Keines von beiden

( ) 164. Jemand stülpt sich einen Beutel über das Gesicht und atmet so einige Minuten lang immer wieder dieselbe Luft ein
( ) 165. Es atmet jemand willkürlich sehr schnell und tief
( ) 166. Eine Stauung, die den Arm straff umfaßt, bleibt einige Minuten lang liegen. Blutentnahme aus einer Vene distal der Stauung
( ) 167. Eine Blutprobe bleibt in einem Becherglas 30 min offen stehen
( ) 168. 20 g $NaHCO_3$ werden eingenommen
( ) 169. 10 g NH_4Cl werden eingenommen

A. Korrektur der metabolischen Acidose durch die Lunge
B. Korrektur der metabolischen Acidose durch die Niere

C. Beides
D. Keines von beiden

( ) 170. Führt zu endgültiger Ausscheidung überschüssigen H^+
( ) 171. Während dieses Vorgangs wird CO_2 als Gas schneller ausgeschieden als Stoffwechsel-CO_2 gebildet wird
( ) 172. Wenn dies geschieht, wird jede vorher hohe Geschwindigkeit der Bicarbonatausscheidung niedriger
( ) 173. Schließt gewöhnlich ein, daß die Form, in der anorganisches Phosphat ausgeschieden wird, sich ändert
( ) 174. Dabei ändert sich gewöhnlich die Form, in der N ausgeschieden wird, der aus dem Stoffwechsel stammt
( ) 175. Bringt den Blut-pH normalerweise nicht auf 7,4 zurück
( ) 176. Kann definitionsgemäß der Entwicklung einer respiratorischen Acidose nicht entgegenwirken
( ) 177. Pflegt das Serum-Gesamt-CO_2 zu erniedrigen
( ) 178. Bei Dehydratation deutlich eingeschränkt
( ) 179. Die Fähigkeit, dies zu erreichen, steht in direkter Beziehung zu der „Alkalireserve"
( ) 180. Pflegt die „Alkalireserve" zu erhöhen
( ) 181. Beispiel dafür ist die Besserung der diabetischen Acidose durch den Abbau von accumuliertem Acetoacetat aufgrund von Insulingaben
( ) 182. Exakt zu messen als titrierbare Acidität des Urins

A. Titrierbare Acidität des Urins
B. NH_4^+-Ausscheidung
C. Beides
D. Keines von beiden

( ) 183. Wichtiger Teil des vom Körper ausgeschiedenen H^+-Überschusses
( ) 184. Ist wahrscheinlich hoch, wenn der Urin-pH hoch ist
( ) 185. Verdoppelt ein Patient die Ausscheidungsrate von anorganischem Phosphat, dann kommt es hier notwendig zur Erhöhung, wenn der Urin den pH von 6,0 jeweils beibehält
( ) 186. Wird wahrscheinlich nach der Einnahme von 10 g NH_4Cl erhöht
( ) 187. Ist wahrscheinlich niedrig, wenn der HCO_3^--Gehalt des Urins hoch liegt

A. Acidose
B. Alkalose
C. Beides
D. Keines von beiden

( ) 188. Ein hoher CO_2-Gesamtgehalt des Blutes schließt diesen Zustand aus
( ) 189. Kann durch forcierte Atmung erzeugt werden
( ) 190. Der alveoläre CO_2-Druck wird in jedem Fall unter die Norm erniedrigt
( ) 191. Der Blut-pH ist bei diesem Zustand gewöhnlich normal
( ) 192. Bei diesem Zustand findet man die Menge sekundärer Phosphationen im Urin im allgemeinen erniedrigt

In einem 24-Std-Urin:

A. Hohe titrierbare Acidität, hoher Ammoniumgehalt, pH niedrig
B. Titrierbare Acidität hoch, Ammoniumgehalt niedrig, pH niedrig
C. Beides
D. Keines von beiden

( ) 193. Wahrscheinlich Reaktion auf einen acidotischen Trend des Organismus
( ) 194. Das Ergebnis kann den Verlust einer renalen Fähigkeit nahelegen
( ) 195. Bedeutet möglicherweise, daß eine metabolische Alkalose droht

( ) 196. Typische Reaktion bei einem Tier, das zunächst in einen Kaliummangelzustand gebracht worden war und dann eine Kaliumgabe erhalten hatte

A. Rest-N des Blutes
B. Harnstoff-N des Blutes
C. Beides
D. Keines von beiden

( ) 197. Ein Spiegel über 45 mg-% bei einem Patienten bedeutet Nierenkrankheit
( ) 198. Läßt sich durch die Ammoniakmenge bestimmen, die sich unter bestimmten Bedingungen daraus bildet
( ) 199. Alles, was im Glomerulusfiltrat erscheint, bleibt unresorbiert und gelangt in den Urin
( ) 200. Eine Kjeldahl-artige Zersetzung mit heißer Schwefelsäure und einem Katalysator kommt bei seiner Bestimmung vor
( ) 201. Serumkonzentration ist niedriger als die in den Erythrocyten

A. Die maximale Harnstoffclearance, C_{max}
B. Die Standard-Harnstoffclearance, C_B
C. Beides
D. Keines von beiden

( ) 202. (Konzentration von Harnstoff im Urin / Konzentration von Harnstoff im Blut) × Milliliter Urin, die pro Minute ausgeschieden werden, vorausgesetzt, die Urinabgabe liegt in einem entsprechenden Bereich
( ) 203. Variiert direkt mit der Geschwindigkeit der Urinsekretion
( ) 204. Normalwert ist durchschnittlich 75 ml Blut pro Minute
( ) 205. Werden 90 ml Urin in einer Stunde ausgeschieden, dann kann diese Clearance errechnet werden.

A. Albumine
B. Globuline
C. Beides
D. Keines von beiden

( ) 206. Bei Erhöhung des Salzgehaltes der Lösung wird ihre Löslichkeit zunächst vermehrt und dann vermindert
( ) 207. Kann durch Dialyse gegen reines Wasser aus einer Lösung zur Ausfällung gebracht werden
( ) 208. Ist im normalen Blutplasma negativ geladen
( ) 209. Diese Plasmafraktion enthält Antikörper
( ) 210. Am kolloidosmotischen Druck des Plasmas als Einzelkomponente am stärksten beteiligt
( ) 211. Enthält die wichtigsten Lipoproteide des Plasmas

A. Abnorme Plasmaproteine bei multiplem Myelom
B. Abnorme Urineiweißkörper bei multiplem Myelom
C. Beides
D. Keines von beiden

( ) 212. Von den beiden Gruppen ist diese als Vorgänger der anderen ausgeschlossen
( ) 213. Geht über das Nephron offenbar leicht verloren
( ) 214. Fällt aus einer Lösung, die es enthält, bei Erwärmen auf 40 bis 50° C aus, löst sich aber wieder, wenn sich die Temperatur auf 100° C erhöht
( ) 215. Große Variabilität der Struktur ist erwiesen

A. Ferritin
B. Coeruloplasmin

C. Beides
D. Keines von beiden

( ) 216. Normales Metallproteid des zirkulierenden Blutes
( ) 217. Die Metallionen müssen reduziert sein, bevor überhaupt welche freigesetzt werden können
( ) 218. Enzymatische Aktivität ist nachgewiesen
( ) 219. Enthält ein Porphyrinsystem

A. Glykogen mit abnorm kurzen äußeren Ketten
B. Glykogen mit abnorm langen äußeren Ketten
C. Beides
D. Keines von beiden

( ) 220. Typisch bei der v. Gierkeschen Krankheit
( ) 221. Typischerweise vorhanden, wenn ein Mangel an „debranching Enzyme" besteht
( ) 222. Typischerweise vorhanden, wenn ein Mangel an „branching Enzyme" besteht
( ) 223. Das Molekül besitzt einen ungewöhnlich großen Anteil 1,6-glukosidischer Bindungen

A. Blutzuckerbestimmung nach Somogyi-Nelson
B. Phosphorbestimmung nach Fiske-Subbarow
C. Beides
D. Keines von beiden

( ) 224. Beruht auf der Reduktion von Molybdänsäurekomplexen zu farbigen Verbindungen durch Phosphorsäure und Arsensäure
( ) 225. Durch die Substanz, die bestimmt wird, werden diese Komplexe *direkt reduziert*
( ) 226. Der limitierende Faktor für die Farbstoffbildung ist die Menge der Säure, die mit Molybdänsäure Komplexe eingeht
( ) 227. Der limitierende Faktor für die Farbstoffbildung ist die vorhandene Menge an reduzierendem Agens

A. Nichtveresterte Fettsäuren im Plasma
B. Nichtverestertes Cholesterin im Plasma
C. Beides
D. Keines von beiden

( ) 228. Charakteristischer Anstieg bei Leberkrankheiten
( ) 229. Ist mit bestimmten Globulinen verbunden
( ) 230. An Albumin gebunden
( ) 231. Wird durch die Wirkung der Lipoproteidlipase, „clearing factor", gebildet

A. Adrenalin
B. Vasopressin
C. Beides
D. Keines von beiden

( ) 232. Peptidhormon
( ) 233. Die Gabe pflegt den Blutdruck zu erhöhen
( ) 234. Die Gabe pflegt den Blutzuckerspiegel anzuheben
( ) 235. Die Wirkung besteht in der Anregung der Uteruskontraktion
( ) 236. Bestimmte Aminosäuren sind Vorstufen bei der Biosynthese

A. Ausschüttung von Thyroxin
B. Ausschüttung von thyreotropem Hormon
C. Beides
D. Keines von beiden

( ) 237. Wird durch erhöhte Ausschüttung des anderen erwähnten Hormons direkt stimuliert
( ) 238. Wird durch einen erhöhten peripheren Spiegel des anderen erwähnten Hormons direkt gehemmt
( ) 239. Wird durch die Ausschüttung des anderen genannten Hormons nicht beeinflußt

A. Adrenalin
B. Thyroxin
C. Beides
D. Keines von beiden

( ) 240. Leitet sich im Stoffwechsel von Tyrosin ab
( ) 241. Steigert direkt die Phosphorylaseaktivität
( ) 242. Injektion erhöht den Blutzuckerspiegel sofort
( ) 243. Liegt im Plasma in peptidartiger Bindung an ein Protein vor
( ) 244. Die Ausschüttung wird durch ein spezifisches Hormon des Hypophysenvorderlappens gesteigert

A. Gallenfarbstoffe
B. Gallensäuren
C. Beides
D. Keines von beiden

( ) 245. Sind nur Ausscheidungsprodukte in der Galle
( ) 246. Leiten sich von Cholesterin ab
( ) 247. Die Struktur enthält einen Porphyrinring
( ) 248. Wichtig für die Fettresorption

A. Radioaktives Isotop
B. Stabiles Isotop
C. Beides
D. Keines von beiden

( ) 249. Kann als „Tracer" verwendet werden (zur „Markierung")
( ) 250. Kommt natürlicherweise vor
( ) 251. Die Konzentration kann mit einem Geigerzähler gemessen werden
( ) 252. Die Konzentration kann mit einem Massenspektrometer gemessen werden
( ) 253. ^{15}N
( ) 254. Die Brauchbarkeit als Tracer hängt davon ab, ob die Zelle ihn von der in der Natur abundanten Form des Elementes unterscheiden kann
( ) 255. Die Ordnungszahl unterscheidet sich von der der natürlicherweise vorkommenden Form desselben Elementes

A. Direktes Bilirubin nach der van-den-Bergh-Reaktion
B. Indirektes Bilirubin nach der gleichen Methode
C. Beides
D. Keines von beiden

( ) 256. Reaktion wegen stabiler Proteinbindung verlangsamt
( ) 257. Reaktion durch Konjugation mit einer besser löslichen Substanz beschleunigt
( ) 258. Charakteristischer Spiegelanstieg bei hämolytischem Ikterus
( ) 259. Bezeichnenderweise wird eher dieses in den Urin ausgeschieden

A. Das mitgeteilte Ergebnis ist zu hoch
B. Das mitgeteilte Ergebnis ist zu niedrig
C. Das mitgeteilte Ergebnis wird beeinträchtigt sein, es läßt sich jedoch nicht voraussagen, in welcher Weise
D. Das mitgeteilte Ergebnis wird dadurch nicht wesentlich gestört sein

Bei der Ausführung von Analysen macht ein Student die folgenden „Fehler"; geben Sie an, wie seine Ergebnisse dadurch beeinflußt werden:

( ) 260. Er bestimmt die Konzentration einer NaOH-Lösung unbekannter Konzentration, indem er damit eine HCl-Standardlösung titriert; dabei gibt er einen Teil der NaOH in ein nasses Becherglas, bevor er sie in die Bürette gießt

( ) 261. Er geht vor wie in Beispiel 24 (?), pipettiert aber 20,00 ml der Standard-HCl-Lösung, die er dann anschließend mit NaOH titrieren will, in ein nasses Becherglas

( ) 262. In einem nassen Gefäß fängt er eine saure Lösung auf, deren Konzentration bestimmt werden soll

( ) 263. In einem nassen Reagensglas fängt er eine Pufferlösung auf, deren pH bestimmt werden soll

( ) 264. Bei einer photometrischen Analyse liest er den Standard 5 min nach Mischung der Reagenzien ab, die unbekannte Probe wird aber eine halbe Stunde zu spät abgelesen

A. Freies Cholesterin im Plasma
B. Freie Fettsäuren im Plasma
C. Beides
D. Keines von beiden

( ) 265. Liegt im Plasma überwiegend in ungebundener Form vor
( ) 266. Überwiegend an Plasmaalbumine gebunden
( ) 267. Wird bei Nahrungskarenz durch Gaben von Wachstumshormon erhöht
( ) 268. Ein Produkt bei Einwirkung von Pankreaslipase
( ) 269. Normalerweise etwa 26 bis 30% des Gesamtcholesterins im Serum

A. Acetyl-Coenzym A → Progesteron
B. Progesteron → Glucocorticoide
C. Beides
D. Keines von beidem

( ) 270. Reaktionen, die in der Nebennierenrinde ablaufen
( ) 271. ACTH stimuliert die angedeutete Reaktionsfolge
( ) 272. Man nimmt an, daß bei angeborener Nebennierenhyperplasie in dieser Folge Stoffwechseldefekte bestehen
( ) 273. Die Bildung von Dehydroisoandrosteron in der Nebennierenrinde kann in dieser Reaktionsfolge untergebracht werden

A. Kongenitale Porphyrie
B. Akute Porphyrie
C. Beides
D. Keines von beidem

( ) 274. Das Porphobilinogen ist im Urin stark vermehrt
( ) 275. Uroporphyrin I wird vom Körper im Übermaß gebildet
( ) 276. Wenn der Urin auch vermehrt Porphyrin enthält, so bildet sich dieses doch überwiegend spontan *im Urin*
( ) 277. Von Gelbsucht begleitet

A. Serumbilirubin
B. Serumchlorid
C. Beides
D. Keines von beiden

( ) 278. Enteiweißung mit Wolframsäure geht gewöhnlich der Messung voraus
( ) 279. Übertriebenes Blutstauen kann zu einem höheren Ergebnis führen
( ) 280. Die Zellen sollten sehr schnell vom Serum getrennt werden

A. Hypercorticismus verbunden mit Nebennierenrindenhyperplasie
B. Hypercorticismus aufgrund eines Nebennierentumors
C. Beides
D. Keines von beidem

( ) 281. Die 17-Ketosteroid-Ausscheidung ist gewöhnlich erhöht
( ) 282. Die 17-Ketosteroidausscheidung wird im allgemeinen stark erniedrigt, wenn mehrere Tage lang Prednison in großen Dosen gegeben wird
( ) 283. Für manche Formen sind angeborene Enzymdefekte in der Steroidsynthese verantwortlich
( ) 284. Die Ausscheidung 17-ketogener Verbindungen ist einheitlich erniedrigt

In den folgenden Beispielen sollen zwei Quantitäten verglichen werden. Setzen Sie den Buchstaben A in die Klammer ein, wenn die erste größer ist, den Buchstaben B, wenn die zweite größer ist, und den Buchstaben C, wenn beide gleich oder fast gleich groß sind.

( ) 285. Die Empfindlichkeit, mit der eine blaue Verbindung in einer Lösung photometrisch bestimmt werden kann
A. Bei Verwendung von Licht, das vorher ein blaues Filter passiert hat
B. Bei Verwendung von Licht, das ein Filter von der Farbe — außer blau — passiert hat, die sich am besten eignet
( ) 286. A. Intensität der blauen Farbe von Bromkresolgrün (pK′=4,7) bei pH 8
B. Farbintensität derselben Lösung bei pH 9
( ) 287. A. Na-Ausscheidung im Urin durch eine Normalperson bei salzarmer Diät
B. Na-Ausscheidung im Urin durch einen Addison-Patienten bei der gleichen Diät
( ) 288. A. Normale Calcium-Ausscheidung über den Stuhl
B. Normale Calcium-Ausscheidung über den Urin
( ) 289. A. Phosphatkonzentration im Urin
B. Phosphatkonzentration im Plasma
( ) 290. A. Gesamtphosphat-Konzentration des Muskels
B. Gesamtphosphat-Konzentration des Plasmas
( ) 291. Im venösen Blut der Peripherie
A. Konzentration des oxygenierten Hämoglobins
B. Konzentration des reduzierten Hämoglobins
( ) 292. A. Konzentration des physikalisch gelösten Sauerstoffs im Blut der Pulmonalarterie
B. Dasselbe in einer Pulmonalvene
( ) 293. A. Sauerstoffdruck in der interstitiellen Flüssigkeit
B. Sauerstoffdruck in den Muskelzellen
( ) 294. A. Sauerstoffdruck, der zu 99% Sättigung der Sauerstoffkapazität des Blutes führt
B. Kohlenmonoxyddruck, der zu 99% Sättigung der Kohlenmonoxydkapazität des Blutes führt
( ) 295. A. Die Zahl der negativen Ladungen des durchschnittlichen Hämoglobinmoleküls im Aortenblut
B. Die Zahl derselben im Blut einer peripheren Vene
( ) 296. A. Gesamtzahl der Mol O_2, die das Blut eines Menschen durchschnittlich pro Tag transportieren muß
B. Gesamtzahl der Mol CO_2, die das Blut eines Menschen durchschnittlich pro Tag transportieren muß

( ) 297. A. Wasserstoffionen, die vom Hämoglobin aufgenommen werden als Folge des pH-Abfalls, zu dem es beim Eintritt von CO_2 in die Kapillarräume kommt
B. Wasserstoffionen, die vom Hämoglobin aufgenommen werden aufgrund der Tatsache, daß es in den gleichen Kapillaren von der oxygenierten in die reduzierte Form umgewandelt wird
( ) 298. A. Die Zahl, die den CO_2-Gehalt von Blut in Millimol pro Liter wiedergibt
B. Die Zahl, die den CO_2-Gehalt von Blut in Volumenprozent wiedergibt
( ) 299. A. Die Anzahl Bicarbonationen, die sich bilden, wenn eine bestimmte Menge CO_2 in Vollblut gelangt
B. Die Anzahl Wasserstoffionen, die unter den gleichen Umständen bewältigt werden muß
( ) 300. A. Kohlendioxyd, das als Bicarbonation im Blut transportiert wird
B. Kohlendioxyd, das im Blut als Carbaminohämoglobin transportiert wird
( ) 301. Bei einem Patienten mit einer kurzen, akuten respiratorischen Acidose
A. CO_2-Kapazität des Serums
B. CO_2-Gehalt des Serums
( ) 302. A. Bedeutung des Na^+ für die Wahrung der Neutralität des Körpers
B. Bedeutung von HCO_3^- für die Wahrung der Neutralität des Körpers
( ) 303. Die Wirksamkeit der H^+-Elimination aus dem Körper, die ein Mensch *spezifisch durch Erniedrigung* des 24-Std-Urin-pH auf 4,5 erreicht
A. Wenn der Urin 40 Millimol anorganisches Phosphat und 10 Millimol Ammonium enthält
B. Wenn der Urin 10 Millimol anorganisches Phosphat und 40 Millimol Ammonium enthält
( ) 304. H^+ aus dem Körper zu eliminieren gelingt dem Organismus
A. Durch Erhöhung der titrierbaren Acidität des Urins um 20 Milliäquivalent pro Tag
B. Durch Erhöhung der Ammoniumausscheidung in den Urin um 20 Milliäquivalent pro Tag
( ) 305. A. Die extracelluläre Konzentration von Aminosäuren
B. Die zelluläre Konzentration von Aminosäuren
( ) 306. A. Rest-N in 100 ml normalem menschlichem Serum
B. Eiweiß-N in 1 ml normalem menschlichem Serum
( ) 307. A. Durchschnittliche Harnstoffkonzentration in normalem Blut
B. Durchschnittliche Harnstoffkonzentration in normalem Urin
( ) 308. A. Harnstoff-N-Konzentration im Vollblut
B. Rest-N-Konzentration im Serum der gleichen Blutprobe
( ) 309. A. Ammoniumspiegel im Blut, den man bei prompter Analyse findet
B. Blut-Ammonium, das man findet, nachdem das Blut 2 Std stand
( ) 310. A. Zu erwartender Wert der Harnstoffkonzentration normalen Blutes
B. Zu erwartender Wert für den Blutharnstoff bei schwerer Leberkrankheit
( ) 311. A. Geschwindigkeit der Urinbildung, auf die sich die Standard-Harnstoffclearance bezieht
B. Geschwindigkeit der Urinbildung, auf die sich die maximale Clearance bezieht

( ) 312. A. Durchschnittliche N-Aufnahme eines normalen Kindes
B. Seine durchschnittliche N-Gesamtausscheidung
( ) 313. A. Kreatininausscheidung bei einer bestimmten normalen Kost
B. Kreatininausscheidung bei der gleichen Kost, der noch ein Liter Milch pro Tag zugelegt wurde
( ) 314. A. Anteil des Harnstoff-N am Rest-N normalerweise
B. Anteil des Harnstoff-N am Rest-N bei Azotämie
( ) 315. A. Prozentualer Anstieg des Serum-Harnsäurespiegels bei Gicht
B. Prozentualer Anstieg der labilen Harnsäurereservoirs bei Gicht
( ) 316. A. Geschwindigkeit der Harnsäuresynthese bei einer Normalperson
B. Geschwindigkeit der Harnsäuresynthese bei Gicht
( ) 317. Energie, die Tiere gewinnen durch metabolische Oxydation von
A. Stickstoff
B. Phosphor
( ) 318. A. Beitrag der Proteine zum gesamten osmotischen Druck des Serums
B. Beitrag des Natriumions zu demselben
( ) 319. A. Löslichkeit von Albumin in reinem Wasser
B. Löslichkeit von Globulin in reinem Wasser
( ) 320. Albumingehalt einer bestimmten Serumprobe
A. Nach Fällung der Globuline mit Natriumsulfat nach der Howe-Methode
B. Durch elektrophoretische Analyse
( ) 321. A. Kolloidosmotischer Druck, der auf 1 g Serumglobulin zurückgeht
B. Kolloidosmotischer Druck, der auf 1 g Serumalbumin zurückgeht
( ) 322. A. Menge an Aminosäuren, die durch peptische Aufspaltung von Eiweiß frei wird
B. Menge an Aminosäuren, die durch die normale Einwirkung der intestinalen Enzyme auf Eiweißkörper frei wird
( ) 323. A. N-Gesamtausscheidung einer Person, deren Kost gerade noch einen ausreichenden Proteingehalt aufweist und die ihren Kalorienbedarf weitgehend mit Kohlenhydraten deckt
B. N-Gesamtausscheidung bei der gleichen Kost, deren Kohlenhydratgehalt jedoch halbiert ist
( ) 324. A. Minimales Lösungsvolumen, das injiziert werden muß, wenn 2000 Cal. in Form von Glucose gegeben werden sollen
B. Minimales Lösungsvolumen, das injiziert werden muß, wenn 2000 Cal. in Form einer Fettemulsion gegeben werden sollen
( ) 325. A. Blutzuckerspiegel in peripher-venösem Blut
B. Blutzuckerspiegel in peripher-arteriellem Blut
( ) 326. A. Blutzuckerspiegel bei einem normalen Individuum
B. Blutzuckerspiegel nach teilweisem Verlust der Nebennierenfunktion
( ) 327. A. Blutzucker einer normalen Ratte
B. Blutzucker einer Alloxan-behandelten Ratte
( ) 328. A. Glucosekonzentration im Plasmawasser in einer Nierenarterie
B. Glucosekonzentration im Glomerulusfiltrat
( ) 329. A. Leberglykogenspiegel bei einem normalen Individuum
B. Leberglykogenspiegel bei schwerem, unbehandeltem Diabetes
( ) 330. A. Normaler Plasmaspiegel des proteingebundenen Jods
B. Spiegel des proteingebundenen Jods, den man erwartet, wenn die Plasmakonzentration des Thyroxin bindenden Proteins ungewöhnlich hoch ist
( ) 331. A. Menge an Hydrocortison im zirkulierenden Blut
B. Menge an Hydrocortison, die sich mit einer intravenösen injizierten „Tracer"-Dosis von markiertem Hydrocortison mischt

( ) 332. Meßbarer Blutzucker, wenn enteiweißt wurde mit
   A. der Somogyi-Methode (Zinksulfat+Alkali)
   B. der Wolframsäure-Methode
( ) 333. A. Menge Fe, die täglich vom Darm resorbiert wird
   B. Menge Fe, die bei der gleichen Person täglich in Hämoglobin eingebaut wird
( ) 334. A. Molekulargewicht der Substanz, die dem „direkten" Bilirubin entspricht
   B. Molekulargewicht der Substanz, die dem „indirekten" Bilirubin entspricht
( ) 335. A. Serumcholesterin einer Blutprobe, die korrekt abgenommen wurde
   B. Serumcholesterin einer Blutprobe, die nach längerem Stauen einer Armvene entnommen wurde
( ) 336. Anorganisches Phosphat, das man findet in
   A. Serum aus frischem, nicht hämolysiertem Blut
   B. Serum aus nicht mehr frischem, teilweise hämolysiertem Blut
( ) 337. Für eine bestimmte Blutprobe
   A. Chloridkonzentration im Vollblut
   B. Chloridkonzentration im Serum
( ) 338. A. 17-Ketosteroidmenge, die man im Urin nach der Porter-Silber-Methode findet
   B. Menge an Hydrocortison+Corticosteron, die die Nebennierenrinde in dem Zeitraum, dem die Urinprobe entspricht, abgibt

Antworten

1. D	31. B	61. D	91. D	121. B	151. B
2. B	32. B	62. E	92. C	122. A	152. A
3. B	33. D	63. C	93. D	123. B	153. B
4. A	34. B	64. A	94. A	124. A	154. D
5. C	35. D	65. A	95. D	125. C	155. D
6. B	36. C	66. D	96. A	126. C	156. B
7. A	37. B	67. B	97. D	127. B	157. B
8. D	38. A	68. E	98. A	128. B	158. C
9. C	39. E	69. E	99. B	129. A	159. B
10. C	40. B	70. A	100. B	130. D	160. D
11. B	41. D	71. A	101. C	131. A	161. A
12. A	42. C	72. D	102. D	132. D	162. C
13. C	43. F	73. C	103. A	133. B	163. D
14. A	44. E	74. B	104. B	134. A	164. A
15. C	45. A	75. B	105. D	135. C	165. B
16. D	46. C	76. D	106. B	136. C	166. A
17. A	47. E	77. E	107. A	137. B	167. B
18. A	48. A	78. B	108. C	138. C	168. D
19. C	49. A	79. B	109. D	139. C	169. C
20. B	50. B	80. A	110. C	140. B	170. B
21. E	51. C	81. E	111. B	141. C	171. A
22. A	52. C	82. C	112. D	142. A	172. B
23. B	53. A	83. D	113. C	143. A	173. B
24. B	54. D	84. E	114. C	144. B	174. B
25. C	55. B	85. D	115. C	145. B	175. A
26. E	56. A	86. A	116. B	146. B	176. A
27. B	57. B	87. B	117. A	147. A	177. A
28. A	58. C	88. C	118. A	148. D	178. B
29. A	59. D	89. C	119. C	149. D	179. A
30. C	60. B	90. B	120. C	150. A	180. B

181. D	208. C	235. D	262. B	289. A	316. B
182. D	209. B	236. C	263. D	290. A	317. C
183. C	210. A	237. A	264. C	291. A	318. B
184. D	211. B	238. B	265. D	292. B	319. A
185. A	212. A	239. D	266. B	293. A	320. A
186. C	213. B	240. C	267. B	294. A	321. B
187. C	214. B	241. A	268. D	295. A	322. B
188. D	215. B	242. A	269. D	296. A	323. B
189. B	216. B	243. D	270. C	297. B	324. A
190. D	217. C	244. B	271. A	298. B	325. B
191. D	218. B	245. A	272. B	299. B	326. A
192. A	219. D	246. B	273. B	300. A	327. B
193. A	220. D	247. D	274. C	301. B	328. C
194. B	221. A	248. B	275. A	302. B	329. A
195. D	222. B	249. C	276. B	303. A	330. B
196. A	223. A	250. C	277. D	304. C	331. B
197. D	224. C	251. A	278. D	305. B	332. B
198. C	225. D	252. C	279. A	306. A	333. B
199. D	226. B	253. B	280. B	307. B	334. A
200. A	227. A	254. D	281. C	308. B	335. B
201. A	228. B	255. D	282. A	309. B	336. B
202. A	229. B	256. D	283. A	310. A	337. B
203. D	230. A	257. A	284. D	311. B	338. B
204. A	231. A	258. B	285. B	312. A	
205. B	232. B	259. A	286. C	313. C	
206. C	233. C	260. B	287. B	314. B	
207. B	234. A	261. D	288. A	315. B	

Sachverzeichnis

Acetazolamid (Diamox) 100, 101
Acetessigsäure 83, 102
Acidität, freie und titrierbare
  101—102, 104—105
Acidose
  bei Dehydratation 83, 106, 113
  bei Nierenkrankheit 102, 105—106
  hyperchlorämische 83, 92, 111
  kompensierte 90—91
  metabolische 80—84, 85—91
  renale Kompensation der 98—106
  renal-tubulär bedingte 63—64
  respiratorische 85, 91, 93—95
Aktiver Transport
  ATPase und der 43
  Carrier und 40—42
  diagnostische Analysen und 44
  Energieversorgung 42—43
  hormonale Kontrolle 43—44
  hypothetisches Modell 41
  Kalium und Natrium 40—44
  Potentialdifferenz und 40—41
  Tracer-Untersuchung 40, 42
  von Aminosäuren 42
  Wasserstoffion 102
  Zucker 42, 44
Addisonsche Krankheit 34
Akute Ernährungsstörung 31
Aldosteron 33
Aldosteronismus, primärer 48
Alkalireserve 88—89
Alkalose
  bei Erbrechen 110
  bei Kaliummangel 50—51
  metabolische 78, 80, 81, 82, 90, 91, 93—94
  renale Kompensation der 85, 91, 93—94
  respiratorische Kompensation der 100—101
Aminosäuren
  Titration 17—25
  Transport 42
Ammonium
  säuernde Wirkung der Zufuhr von 83—84
  Synthese und Sekretion in der Niere 102—105
  Titration des 16—17
  Verteilung zwischen zwei Phasen mit unterschiedlichem pH 104
Anionen
  als Säuren 107
  Puffer und fixe 108
Anionen-Kationen-Gleichgewicht 107—113
Antidiuretisches Hormon 33—34
Arginin, Titration 20
Aufteilung 5—7
Austauschdiffusion 42

Base
  als Bezeichnung für ein Kation 107—108
  Blutpuffer- 102—103
  Definition 13, 16
Basendefizit 97
Bicarbonation
  als Alkalireserve 88—89
  bei dem Kohlendioxydtransport 70—71
  bei der Wahrung der Neutralität 85—93, 100—101
  Konzentrationsänderungen bei Acidose und Alkalose 88—90, 92—94, 107—110
  im Urin und der Urin-pH 100—101
  in Zellen 39
  Pufferwirkung (Demonstration) 86—88
  Weg beim Gastransport 75—79
Bilirubin 8
Bindungen, elektrovalente und kovalente 109—110
Blutpufferbase 97
Brønsted 13

Calcinose 61
Calcium
  Bedarf 61—62
  bei der Blutgerinnung 54
  bei Erkrankung der Epithelkörperchen 60—61

bei Schilddrüsenerkrankung 61
bei Urämie 64
Bindung an Serumeiweiß 55—56
Funktionen 54
Resorption
   Steatorrhoe und 62, 64
   Vitamin D und 61
   säuernde Wirkung aufgenommener Salze 84
Verteilung 54
Calciumphosphat bei der Knochenbildung 54—55, 57
Carbaminohämoglobin 71
Carboanhydrase
   bei der Sekretion von Wasserstoffionen 100, 101
   beim Kohlendioxydtransport 71
Carrier-Transport, s. aktiver Transport
Chelate
   beim Calciumstoffwechsel 59
   Definition 45—46
Chlorid
   Anteil an der osmolaren Konzentration 27, 28
   diagnostische Analysen 34—37, 92
   in Serum und extracellulärer Flüssigkeit 27—37
   in Verdauungssäften 28
   säuernde Wirkung 92—93, 109, 110—111
   Verschiebung 78
Cholesterin 115, 116
Chondroitinsulfat 54, 60
Citrat und Knochenauflösung 59—60
Current List of Medical Literature 9
Cushing-Syndrom
   Alkalose bei 50
   Kalium bei 48

Dehydratation
   acidotische Tendenz bei 83, 105—106, 113
   Definition 31—32
   zelluläre Elektrolyte bei 46
Diabetes insipidus 34
Diabetes mellitus 46, 50, 82—83
Dihydrotachysterin 61

Elektrolytgerüst 28
Elektroneutralität, Gesetz der 27
Enteiweißung 118—119
Enzyme in Serum oder Plasma 3, 114—115, 117
Ernährung und Neutralität 83
Ersatzlösungen 45—46, 51—53

Erythrocyt, Ionenzusammensetzung 38
extrazelluläre Flüssigkeit
   bei Dehydratation 31—32
   Bestimmung ihres Volumens 36
   Elektrolyte 38—53
   Gibbs-Donnan-Gleichgewicht und die 29—30

Fanconi-Syndrom 63
Fehler
   Hämolyse und 118
   Häufigkeit 122
   Kontrollen und Doppelanalysen zu ihrer Entdeckung 122
   Verantwortung für 122
Flux 7
Formoltitration 105

Gas
   Druck und Löslichkeit 4—5
   Transport von 65—79
Genauigkeit
   Grundregeln der 120 ff.
   Verantwortung für die 122—123
Gefrierpunktserniedrigung 4, 27
Geschwindigkeiten von Prozessen 2, 7
Gibbs-Donnan-Gleichgewicht 29—30
Glutaminase und Urin-Ammonium 102 ff.
Glutamin beim Ammoniumstoffwechsel 103
Glutaminsäure, Glutamat 18, 103
Glycin, Titration von 17
Glycogen und das Kaliumion 50

Häm 66, 73
Hämoglobin
   Angabe der Konzentration 67
   beim Kohlendioxyd-Transport 70—77
   Carbamino- 71, 75
   im Plasma 78
   koordinative Valenzen des Eisens in 73
   Ladungszustand 72, 74
   mittlere korpuskuläre Konzentration 67
   Pufferung durch 72 ff.
   Reaktion mit Sauerstoff 66—70
Hämolyse als Fehlerquelle 118
Harnstoff
   Ammoniumsynthese und 102—105
   N-Quelle für 103
   Synthese aus oral zugeführtem Ammonium 83—84

Henderson-Hasselbalchsche Gleichung 14, 87
Herzglykoside 43
Hydroxylapatit 54
β-Hydroxybuttersäure 82
Hyperkaliämie 53
Hypernatriämie 36
Hyperparathyreoidismus 60, 61
Hypokaliämie 47—53
Hyponatriämie 34—36

Imidazolgruppe im Hämoglobin 72, 73, 74
Indikatoren, Säure-Basen- 24—25
Insulinmangel 82
interstitielle Flüssigkeit 30 f.
Ionenaustauscher, therapeutische Anwendung 34, 53
isohydrischer Transport von CO_2 73—77

Kalium
　aktiver Transport von 40—45
　bei Addisonscher Krankheit 34
　bei Cushing-Syndrom 48
　bei Diabetes 49—50
　bei Diarrhoe 48
　bei familiärer periodischer Extremitätenlähmung 51
　bei primärem Aldosteronismus 48
　-bilanz 46—47
　-bindung in Mitochondrien 46
　Funktionen in der Zelle 39, 45 f.
　Hyperkaliämie 53
　im Muskel 38
　in Erythrocyten 38
　renale Ausscheidung 33, 34, 47, 99—100
　in extrazellulären Flüssigkeiten 27—28, 45
　-mangel
　　Beziehungen zu Alkalose 50 ff.
　　Entdeckung von 51 ff.
　　Herkunft von 47—50
　　Nieren- und Herzschäden bei 51
　zellulärer Verlust bei Dehydratation 46 ff.
Kationen
　als Basen 107, 112
　ihr zelluläres Übergewicht 40
Ketoanionen, Ketonkörper 82—83, 102
Knochen
　Bildung und Auflösung 54 ff., 64
　Kristallisationskerne 60
　Säure-Basen-Gleichgewicht und 63—64

Kohlendioxyd, Kohlensäure
　Absorptionskurven 78—79, 95
　Angabe der Konzentration 5
　Ausscheidungsformen 100—101
　Bestimmung 93
　Gesamtgehalt und Säure-Basen-Gleichgewicht 93—97
　isohydrischer Transport 73—77
　Kapazität oder Bindungsvermögen 96
　Löslichkeit 66
　Transportformen 70 ff.
kolligative Eigenschaften 4
Konstanten
　Dissoziationskonstanten 13—14
　Löslichkeitsprodukt 57
Konzentration
　Arten der Konzentrationsangaben 2—5
　Bedeutung 3
　osmolale 4
　prozentuale Grenzen der 2
　zelluläre und extrazelluläre 3, 5 ff.
Künstliche Niere 53

Lactoglobulin 21—22
Lernprogramme 10
Literatur, Umgang mit 8—10
Löslichkeitsprodukt 57

Magensaft
　Elektrolyte 28, 30—31
　Folge von Verlust an 30—31, 110
　pH und Acidität 11
Magnesium
　in extrazellulärer Flüssigkeit 28
　in Zellen 38
　Mangel 53
Malabsorption 62 ff.
Methämoglobin 66
Myoglobin, Sauerstoffabsorptionskurve 68

Natrium
　diagnostische Analysen auf 34—37
　„Inertheit" 112—113
　in Serum und extrazellulärer Flüssigkeit 26—37
　renale Resorption 32—34, 100
Normalwerte
　Art der Anwendung 1—2
　Hinweis auf ein Verzeichnis 9
　Vorsicht bei Anwendung der 1, 2, 121
Neugeborenentetanie 64
Nucleinsäuren 39

151

Ödem 30, 34, 36
onkotischer Druck 4, 30
organische Säuren, organische Anionen 102
osmolale Konzentration 4
osmotischer Druck
  gesamter 4, 26
  Kolloid- 4
zellulärer und extrazellulärer 40
Osteoblasten, Osteoklasten 54

Pankreassaft 28
Paradoxe Acidurie 106
Parathormon 60—61
Peptide, Titration der 20
pH
  Änderung mit der Konzentration von Säuren und Basen 23 f.
  Änderung während des Gastransports 72—79
  Berechnung des 22 f.
  Definition 11
  diagnostische Bestimmung 94—97, 118
  -Gradient im Knochenstoffwechsel 59
  Messung des 24
  Pufferung des 13—25
  Vermeidung einer Änderung in den Proben 117
Phosphatasen 59, 114
Phosphat
  bei der Neutralitätskontrolle 99
  -Clearance bei Nebenschilddrüsenerkrankungen 60
  -gradient bei der Knochenbildung 59
  -resorption bei Neugeborenentetanie 64
  -retention bei Urämie 64, 112
Phosphor
  -Bilanz 46
  Funktionen von 54, 99
Phosphorylase 59
Pinocytose 44
pK
  Definition 14
  Veränderungen mit der Salzkonzentration 23
Plasma
  Definition 3—4
  -volumen und die interstitielle Flüssigkeit 30 f.
Proteine
  als Anionen in Zellen 38
  Calciumbindung durch 55—56

der Nahrung, säuernde Wirkung 83
Titration der 20—22
Puffer
  Berechnung des pH vom 22
  Mischung der 24
Pufferanionen 107 f., 110
Pufferung und Gastransport 72—74

Referateblätter 8—9
renale Rachitis 63—64
Reservoir-Größe, Begriff der 3
respiratorischer Quotient 77

Sauerstoff
  Absorptionskurven für 68
  aktiver Transport 69
  Druckgradienten 65
  Hämoglobin, Reaktion mit 66—70
  Löslichkeit 4 f., 66
  Transport im Blut 65—70, 74—77
Säure-Basen-Gleichgewicht
  Anionen-Kationen-Gleichgewicht und das 107—113
  Astrup-Methode 97
  Bestimmungsmethoden für das 93—97
  Definitionen 95
  Metabolische Störungen 80—84
  Na- und Cl-Analysen und das 34—37, 111—113
  renale Einflüsse für das 98—106
  respiratorische Einflüsse auf das 85, 91 f.
  Störungen, verschiedene Arten 93
  Stoffwechselreaktionen und das 80—84
Säuren und Basen, schwache 13—22
Serum
  Definition 3—4
  reines und abgetrenntes Serum 78—79, 97
Schwefel in Nahrungsproteinen 83
Sichelzellen-Krankheit 69—70
signifikante Dezimalstellen 4
Speichel 26
Steatorrhoe 62, 64
Stickstoffbilanz 46
Sulfhydril-Disulfid-Austausch 44
Sulfat, Produktion und Retention 83, 111

Tests, diagnostische
  besonders angepaßte 122
  Einschränkung 122
  Enteiweißung 118—119
  Genauigkeit 120 f.

Kriterien für die Wahl 121 f.
Materialmenge 120
Normalwerte für 9
semiquantitative Auswertung 1—2, 121
Verhinderung chemischer Veränderungen 117 f.
Wahl der Probe 3—4, 116 f.
wirtschaftliche Aspekte 122—123
Zeitwahl für 115 f.
Ziele 121—123
Tetanie 64, 95
Tintenfischaxon 43
Titration
des Ammoniumions 16
Kurven, Gestalt der 11 f.
von Aminosäuren 17—20
von Essigsäure 13
von Hämoglobin 21
von Kohlensäure 86
von Phosphorsäure 15 f.
Zweck der 11
titrierbare Acidität von Urin 101—102, 105
Transport, s. aktiver Transport
tubuläre Acidose 48, 63—64

Urin
Alkalisierung 100—102
Bildung 32 f.
freie Wasserstoffionen im 99
titrierbare Acidität 101—102, 105
Säuren 98—106, 107—108, 112—113

Vasopressin (antidiuretisches Hormon) 33, 36, 44
Verdauungssäfte 28, 30 f., 80, 110
Vitamin D 61

Wasseraufteilung und Transport 26 f.
Wasserstoffionen
aus der Oxydation neutralen Schwefels 83
Bildung bei der Harnstoffsynthese 83
endogene Bildung und Verbrauch 80—84
Entfernung durch Ammoniumsynthese 84, 102—105
Gleichgewicht der 80—84
Sekretion von 90, 99—100, 101, 105 f.
Verteilung zwischen Akzeptoren 24 f.
Verteilung zwischen den Körperräumen 25, 50 f.
zentrale Rolle der 99, 107, 109

Zuckertransport 42, 44

Erschienene Bände der Heidelberger Taschenbücher

1. Max Born: Die Relativitätstheorie Einsteins. DM 10,80
2. K. H. Hellwege: Einführung in die Physik der Atome
   2., erweiterte Auflage. DM 8,80
3. Wolfhard Weidel: Virus und Molekularbiologie
   2., erweiterte Auflage. DM 5,80
4. L. S. Penrose: Einführung in die Humangenetik. DM 8,80
5. Hans Zähner: Biologie der Antibiotica. DM 8,80
6. Siegfried Flügge: Rechenmethoden der Quantentheorie
   3. Auflage. DM 10,80

7/8. G. Falk: Theoretische Physik I und Ia auf der Grundlage einer allgemeinen Dynamik
   Band 7: Elementare Punktmechanik (I). DM 8,80
   Band 8: Aufgaben und Ergänzungen zur Punktmechanik (Ia). DM 8,80

9. Kenneth W. Ford: Die Welt der Elementarteilchen. DM 10,80
10. Richard Becker: Theorie der Wärme. DM 10,80
11. P. Stoll: Experimentelle Methoden der Kernphysik. DM 10,80
12. B. L. van der Waerden: Algebra I
    7., neubearbeitete Auflage der Modernen Algebra. DM 10,80
13. H. S. Green: Quantenmechanik in algebraischer Darstellung. DM 8,80
14. Alfred Stobbe: Volkswirtschaftliches Rechnungswesen. DM 10,80
15. Lothar Collatz/Wolfgang Wetterling: Optimierungsaufgaben. DM 10,80

16/17. Albrecht Unsöld: Der neue Kosmos. DM 18,—
18. Fred Lembeck/Karl-Friedrich Sewing: Pharmakologie-Fibel. DM 5,80
19. A. Sommerfeld/H. Bethe: Elektronentheorie der Metalle. DM 10,80
20. K. Marguerre: Technische Mechanik. I. Teil: Statik. DM 10,80
21. K. Marguerre: Technische Mechanik. II. Teil: Elastostatik. DM 10,80
22. K. Marguerre: Technische Mechanik. III. Teil: Kinetik. DM 12,80
23. B. L. van der Waerden: Algebra II
    5. Auflage der Modernen Algebra. DM 14,80
24. Manfred Körner: Der plötzliche Herzstillstand. DM 8,80
25. W. Reinhard: Massage und physikalische Behandlungsmethoden. DM 8,80
26. H. Grauert/I. Lieb: Differential- und Integralrechnung I. DM 12,80

27/28. G. Falk: Theoretische Physik II und IIa
   Band 27: Allgemeine Dynamik. Thermodynamik (II). DM 14,80
   Band 28: Aufgaben und Ergänzungen zur Allgemeinen Dynamik und Thermodynamik (IIa). DM 12,80

29. P. D. Samman: Nagelerkrankungen. DM 14,80
30. R. Courant/D. Hilbert: Methoden der mathematischen Physik I
    3. Auflage. DM 16,80
31. R. Courant/D. Hilbert: Methoden der mathematischen Physik II
    2. Auflage. DM 16,80

32 F. W. Ahnefeld: Sekunden entscheiden — Lebensrettende Sofortmaßnahmen. DM 6,80
33 K. H. Hellwege: Einführung in die Festkörperphysik I. DM 9,80
36 H. Grauert/W. Fischer: Differential- und Integralrechnung II DM 12,80
37 V. Aschoff: Einführung in die Nachrichtenübertragungstechnik DM 11,80
38 R. Henn/H. P. Künzi: Einführung in die Unternehmensforschung I DM 10,80
39 R. Henn/H. P. Künzi: Einführung in die Unternehmensforschung II DM 12,80
40 M. Neumann: Kapitalbildung, Wettbewerb und ökonomisches Wachstum. DM 9,80
41 G. Martz: Die hormonale Therapie maligner Tumoren. DM 8,80
42 W. Fuhrmann/F. Vogel: Genetische Familienberatung. DM 8,80
43 H. Grauert/I. Lieb: Differential- und Integralrechnung III. DM 12,80
44 J. H. Wilkinson: Rundungsfehler. DM 14,80
45 G. H. Valentine: Die Chromosomenstörungen. DM 14,80
46 Robert D. Eastham: Klinische Hämatologie. DM 8,80
47 C. N. Barnard/V. Schrire: Die Chirurgie der häufigen angeborenen Herzmißbildungen. DM 12,80
48 R. Gross: Medizinische Diagnostik — Grundlagen und Praxis. DM 9,80
49 K. Jacobs: Selecta Mathematica I. DM 10,80
50 H. Rademacher/O. Toeplitz: Von Zahlen und Figuren. DM 8,80
51 E. B. Dynkin/A. A. Juschkewitsch: Sätze und Aufgaben über Markoffsche Prozesse. DM 14,80
52 H. M. Rauen: Chemie für Mediziner — Übungsfragen. DM 7,80
53 H. M. Rauen: Biochemie — Übungsfragen. DM 9,80
54 G. Fuchs: Mathematik für Mediziner und Biologen. DM 12,80
55 H. N. Christensen: Elektrolytstoffwechsel. DM 12,80
56 M. J. Beckmann/H. P. Künzi: Mathematik für Ökonomen I. DM 12,80
57/58 H. Dertinger/H. Jung: Molekulare Strahlenbiologie. DM 16,80
59/60 C. Streffer: Strahlen-Biochemie. DM 14,80
61 W. Hort: Herzinfarkt. DM 9,80
62 K. W. Rothschild: Wirtschaftsprognose. Methoden und Probleme DM 12,80
64 F. Rehbock: Darstellende Geometrie, 3. Auflage. DM 12,80

Bitte Gesamtverzeichnis der Reihe anfordern!

MIX
Papier aus verantwortungsvollen Quellen
Paper from responsible sources
FSC® C105338

If you have any concerns about our products,
you can contact us on
ProductSafety@springernature.com

In case Publisher is established outside the EU,
the EU authorized representative is:
**Springer Nature Customer Service Center GmbH
Europaplatz 3, 69115 Heidelberg, Germany**

Printed by Libri Plureos GmbH
in Hamburg, Germany